中等职业学校教育创新规划教材

# 植物生产与环境

王传凯　覃文显　主编

中国农业大学出版社
·北京·

## 内容简介

《植物生产与环境》主要介绍植物生产与环境因子的关系，包括植物生产与环境概述、植物的生长发育、植物生产和土壤环境、植物生产与科学用水、植物生产与光能利用、植物生产与温度调控、植物生产与农业气象 7 个项目。按照“项目—任务—子任务”进行编写。每个项目又分成若干任务，每一任务分成若干个子任务。每个项目包括学习目标、工作任务描述、内容结构、评价反馈 4 个栏目，每个子任务按照学习准备、项目设计与实施顺序编写，并根据内容适当增加学习拓展内容，扩大学生视野，注重学生动手能力和自学能力的培养。

**图书在版编目(CIP)数据**

植物生产与环境/王传凯，覃文显主编. —北京：中国农业大学出版社，2015.9（2019.12 重印）

ISBN 978-7-5655-1364-0

Ⅰ.①植… Ⅱ.①王…②覃… Ⅲ.①植物-环境生态学-中等专业学校-教材 Ⅳ.①S314

中国版本图书馆 CIP 数据核字(2015)第 193091 号

**书　名**　植物生产与环境

**作　者**　王传凯　覃文显　主编

**策划编辑**　张　玉　张　蕊　　**责任编辑**　张　玉

**封面设计**　郑　川

**出版发行**　中国农业大学出版社

**社　址**　北京市海淀区圆明园西路 2 号　　**邮政编码**　100193

**电　话**　发行部 010-62818525，8625　　读者服务部 010-62732336

编辑部 010-62732617，2618　　出　版　部 010-62733440

**网　址**　http://www.cau.edu.cn/caup　　**E-mail** cbsszs@cau.edu.cn

**经　销**　新华书店

**印　刷**　北京鑫丰华彩印有限公司

**版　次**　2015 年 9 月第 1 版　2019 年 12 月第 3 次印刷

**规　格**　787×980　16 开本　13.5 印张　248 千字

**定　价**　37.00 元

# 中等职业学校教育创新规划教材
# 编审委员会名单

# 编审人员


主　编　王传凯　南阳农业职业学院

覃文显　广西桂林农业学校

副主编　裴瑞杰　南阳农业职业学院

高文红　邯郸农业学校

廖鹏程　广西百色农业学校

主　审　赵晨霞　陈肖安

# 编写说明

积极开展与创新中等农业职业教育，提高现代农业与社会主义新农村建设一线中等应用型职业人才及新型职业农民的综合素质、专业能力，是发展现代农业和建设社会主义新农村的重要举措。为贯彻落实中央的战略部署及全国职业教育工作会议精神，特根据《教育部关于"十二五"职业教育教材建设的若干意见》《中等职业学校新型职业农民培养方案(试行)》和《中等职业学校专业教学标准(试行)》等文件精神，紧紧围绕培养生产、服务、管理第一线需要的中等应用型职业人才及新型职业农民，并遵循中等农业职业教育基本特点和规律，编写了《植物生产与环境》教材。

《植物生产与环境》是种植专业类核心课教材之一。定位于中等职业教育，紧扣岗位要求，以行动导向的教学模式为依据，以学习性工作任务实施为主线，以学生为主体，通过学习性工作任务中教、学、做、说(写)合一来组织教学，物化了本门课程历年来相关职业院校教育教学改革中所取得的成果，并统筹兼顾中等农业职业教育及新型职业农民中职教育的学习特点。

本教材构思新颖，内容丰富，结构合理，图文并茂、通俗易懂，注重体现种植行业要求、突出种植业特色，充分体现"产学结合"，反映种植业前沿发展成果和注重新知识、新技术的应用，也融入国家最新的相关专业政策，呈现课程的职业性、实用性和开放性。

该教材重点介绍植物生产与环境因子的关系，包括植物与生产环境概述、植物的生长发育、植物生产和土壤环境、植物生产与科学用水、植物生产与光能利用、植物生产与温度调控、植物生产与农业气象等。本教材根据项目驱动式教学的需要，以引导学生主动学习为目的，进行体例架构设计，以适应中等农业职业教育和新型职业农民中职教育创新和改革的需要。全书注重了对学生专业技能与综合素质的培养。

针对读者的实际认知水平和学习特点，教材力求内容浅显、简单实用、形式活跃、层次分明。理论知识以"够用"为度，强化理论知识在生产上的"应用"，并尽可能通过图表揭示理论、通过学生自己查找资料理解理论。实践操作以“实用”为准，贴近生产实际，操作过程清晰明了，可操作性强，是中等农业职业教育及新型职业农民中职教育的专用教材，也可作为现代青年农场主的培育教材与农民合作社负责人、农村经纪人、农业企业经营管理人员、农业社会化服务人员和农村基层干部的岗位培训教材，还可作为相关专业人员作为参考用书使用。

《植物生产与环境》由南阳农业职业学院副教授王传凯与广西桂林农业学校高级讲师覃文显担任主编，南阳农业职业学院副教授裴瑞杰、邯郸农业学校高级讲师高文红和广西百色农业学校高级讲师廖鹏程担任副主编。编写分工为：项目一、项目三中任务一和任务二、项目五、项目六由王传凯编写，项目二的任务一、任务二、任务三的子任务一、子任务二由覃文显编写，项目二的任务三的子任务三、任务四由廖鹏程编写，项目三的任务三由裴瑞杰编写，项目四、项目七由高文红编写。由王传凯进行修订统稿。本书承蒙北京农业职业学院赵晨霞教授、原农业部科技教育培训中心原处长陈肖安等同志审稿，并提出了宝贵意见。在编写过程中，南阳农业职业学院、广西桂林农业学校、邯郸农业学校、广西百色农业学校等单位给予大力支持。本教材中许多图表参考了相关著作和教材，在此一并表示衷心感谢。

由于编者水平有限，加之时间仓促，教材中存在着不同程度和不同形式的错误和不妥之处，衷心希望广大读者及时发现并提出，更希望广大读者对教材编写质量提出宝贵意见，以便修订和完善，进一步提高教材质量。

编　者

2015.6

# 目　录

## 项目一　植物生产与环境概述



## 项目二　植物的生长发育



## 项目三　植物生产和土壤环境

## 项目四 植物生产与科学用水



## 项目五 植物生产与光能利用



## 项目六 植物生产与温度调控

## 项目七 植物生产与农业气象

# 项目一　植物生产与环境概述

任务一　认知植物生长发育和植物生产

任务二　认知植物生产的环境要素

【学习目标】

1. 了解植物生长发育和植物生产的概念、特点和作用
2. 熟悉植物生产环境要素对植物生产的作用
3. 掌握当地植物生产的基本情况

【工作任务描述】

本项目分为认知植物生长发育和植物生产、认知植物生产的环境要素 2 个任务。通过本项目的学习和对当地植物生产基本情况、植物生产环境要素的调查，让学员认识植物生长发育与植物生产的关系，总结当地植物生产的特点，发现当地植物生产的优势和不足；培养学员查阅资料、观察分析、调查研究、勤于总结和沟通协作等职业素质。

【内容结构】

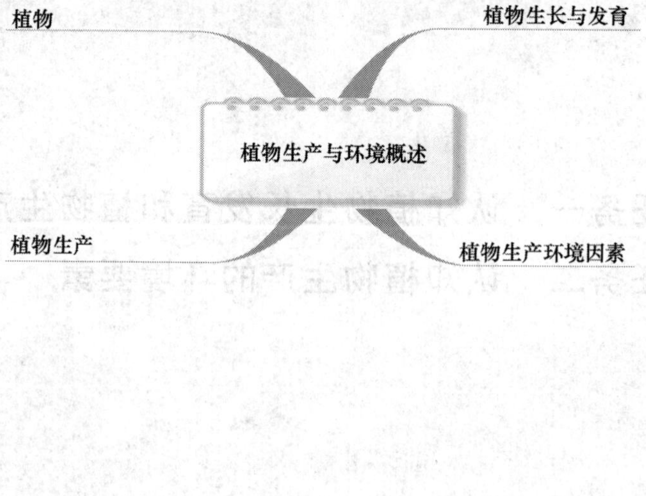

# 任务一　认知植物生长发育和植物生产

## 一、学习准备

### (一)知识准备

1. 植物与植物生长发育

(1)概念。植物是自然界中不能自由移动,但能够利用光将无机物转化为有机物,供自身生长发育需要的、必不可少的一种自养型生物。植物的作用表现为两个方面:第一转贮能量,为生命活动提供能源;第二,促进物质循环,维持生态平衡。

人类已经发现的植物种类有30万～40万种,共同组成了千姿百态、丰富多彩的植物世界。我国有高等植物3万余种,可供栽培的植物6 000～7 000种,居世界前列。

生长和发育是植物的两种基本生命现象。生长是指由于细胞分裂和伸长引起植物体积和质量上的不可逆增加,如根、茎、叶的增大、增重。发育是指植物在生长过程中,一些细胞发生变化,分别生成能执行各种不同生理功能的组织和器官的过程,也称形态建成,如幼穗分化、花芽分化等。生长是发育的基础,发育是生长的必然结果,两者相辅相成,密不可分。

植物的生长发育又可分为营养生长和生殖生长。营养生长是植物体由种子萌发到根、茎、叶(营养器官)的形成过程。生殖生长是在植物体的一定部位分化出花芽,然后开花、传粉、授精、形成果实和种子(生殖器官)的过程,如图1-1所示。当植物的营养生长进行到一定程度后,就会进入到生殖生长阶段。花芽开始分化(穗分化)是植物生殖生长开始的标志。

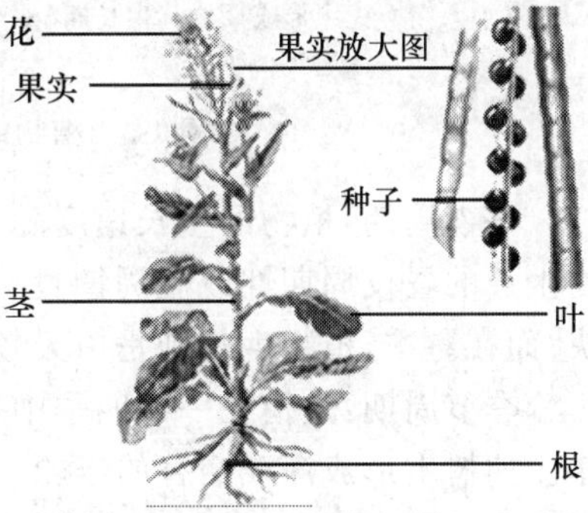


图1-1　植物的营养器官和生殖器官

在植物生长发育过程中，营养生长和生殖生长是两个不同阶段，但两者之间往往有一个并进期，如图 1-2 所示。

小麦的一生

营养生长：出苗期、三叶期、分蘖期

并进生长：越冬期、返青期、起身期、拔节期、孕穗期、抽穗期

生殖生长：开花期、灌浆期、成熟期

**图 1-2 植物的营养生长和生殖生长**(以小麦为例)

(2)植物生长发育特点。

①植物生长的周期性。指植株或器官生长速率随昼夜或季节变化发生有规律变化的现象，主要包括生长大周期、昼夜周期、季节周期等。

生长大周期：植物的根、茎、叶、花、种子和果实等器官以及一年生植物的整株植物，在生长过程中，初期生长缓慢，以后逐渐加快，生长达到高峰后，又逐渐减慢，以后生长完全停止，形成了“慢—快—慢”的规律，被称为植物的生长大周期，如图 1-3 所示。

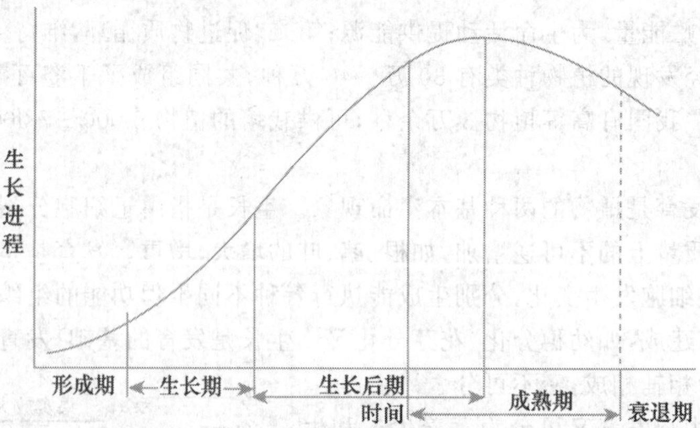


**图 1-3 植物或器官生长规律**(按干重计，g)

昼夜周期：植物的生长速度随昼夜温度变化而发生有规律变化的现象称为植物生长的昼夜周期性或温周期性。一般情况，在夏季，植物生长白天较慢，夜间较快；而在冬季，植物生长则是白天较快，夜间较慢。

季节周期：是指在一年四季中，植物生长随季节的变化而呈现一定的周期性规律。如树木形成深浅交替的年轮，如图 1-4 所示。

②植物生长的相关性。植物各个器官之间的生长存在着相互依赖、相互促进的关系，这就是植物生长的相关性。植物生长的相关性主要体现在地下部与地上

部、主茎与侧枝、营养生长与生殖生长三个方面，如图 1-5 所示。

图 1-4　树木的年轮

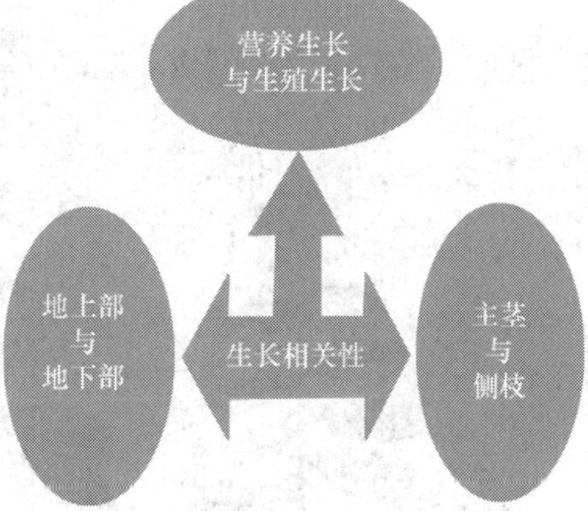


图 1-5　植物生长的相关性

地下部与地上部相关性：植物地下部与地上部既相互依赖，又相互竞争。一方面地下部的根从土壤中吸收水分、矿物质，并合成少量有机物、细胞分裂素等供地上部利用；而地上部供给根生长所必需的糖类、维生素等。另一方面，地下部与地上部在水分和营养的需求上也存在竞争。

主茎与侧枝相关性：主要表现为顶端优势。顶端优势是指由于植物顶端的生长占优势而抑制侧枝或侧根生长的现象。生产上可以根据需要利用和打破顶端优势。

营养生长与生殖生长相关性：植物的营养生长和生殖生长既相互依存，又相互制约。营养生长是生殖生长的基础和前提，在植物不徒长的前提下，营养生长旺盛、叶面积大、光合产物多，果实和种子才能良好发育；反之，若营养生长不良，则植株矮小瘦弱，叶小色淡，花器官发育不完全，果实发育迟缓，果实小，种子秕而少，产量低。

③植物的极性与再生。植物的极性是指植物某一器官的上下两端，在形态和生理上有明显差异，通常是上端发芽、下端生根的现象，如图 1-6 所示。植物的再生是指植物体分离了的部分具有恢复其

图 1-6　柳枝的极性

余部分的能力，如图 1-7 所示。植物的极性和再生常利用于植物的扦插、嫁接、育苗等方面。

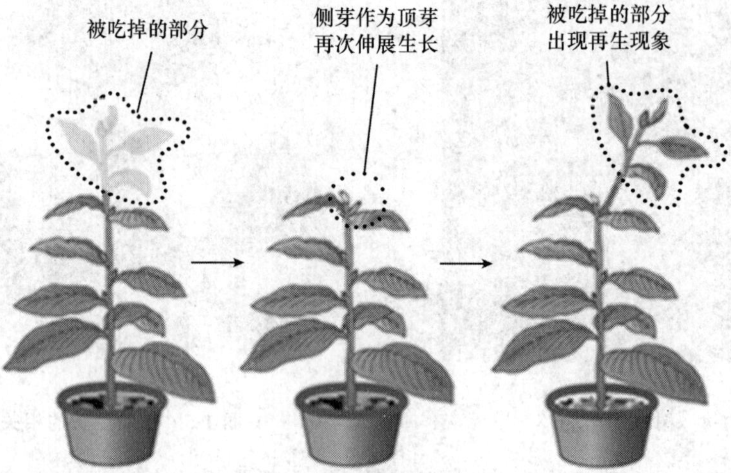


**图 1-7 植物的再生**

④植物的休眠和衰老。植物的休眠是指植物生长极为缓慢或暂时停顿的现象，通常分为强迫休眠和生理休眠。植物的衰老是指一个器官或整个植株生理功能逐渐衰退，最终自然死亡的过程。

⑤植物的成花过程和影响因素。植物成花过程包括成花诱导、花芽分化和花器官形成三个阶段。影响成花诱导的最敏感因素是低温和最适宜的光周期。

春化作用：是指植物必须经历一段时间的持续低温才能由营养生长阶段转入生殖生长阶段的现象。根据植物对低温范围和时间要求的不同，可将植物（多为秋播植物，如小麦、油菜）分为冬性植物、半冬性植物和春性植物三类，如表 1-1 所示。

**表 1-1 不同小麦类型的春化温度、所需时间**

| 小麦类型 | 春化温度/℃ | 所需天数/d |
| --- | --- | --- |
| 冬性 | 0～5 | 30～70 |
| 半冬性 | 3～15 | 20～30 |
| 春性 | 5～20 | 2～15 |

光周期现象：是指植物在开花之前，要求每天有相对长度的昼夜交替影响才能开花的现象。按照植物对光周期的反应，可将植物分为长日照植物、短日照植物、日中性植物三类，如图 1-8 所示。

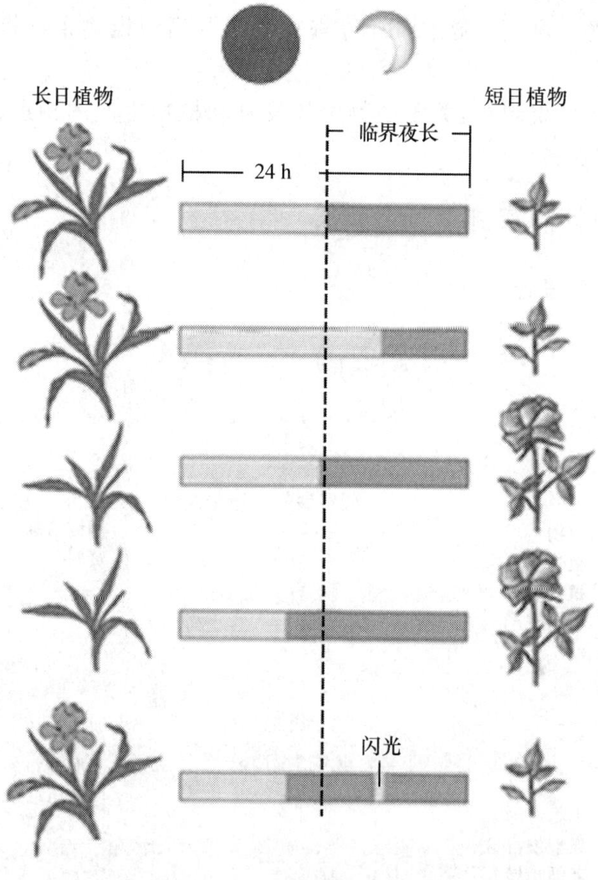


**图 1-8　植物的光周期现象**

花芽分化：是指植物茎生长点由分生出叶片、腋芽转变为分化出花序或花朵的过程。花芽分化是由营养生长向生殖生长转变的生理和形态标志。

2. 植物生产

植物生产是人类有意识地对植物生长及其环境条件进行利用，以获得生活所必需的食物和其他物质资料的经济活动，也是植物的自然再生产过程。植物生产是农业的基础产业，是人类生活资料和工业原料的重要来源。植物生产具有复杂性、季节性和地域性特点。

### (二)资料准备

(1)图书馆或资料室。利用现有的图书馆或资料室以及报刊,查找有关当地植物分类、分布和植物生产的信息资料;

(2)网络资源。利用电脑、WiFi 等查找我国及当地植物生产等方面的信息资料并比较;

(3)教师准备的资料单:关于植物生长发育和植物生产的特点、应用及前景等方面相关文章和资料。

## 二、项目设计与实施

### (一)项目任务设计

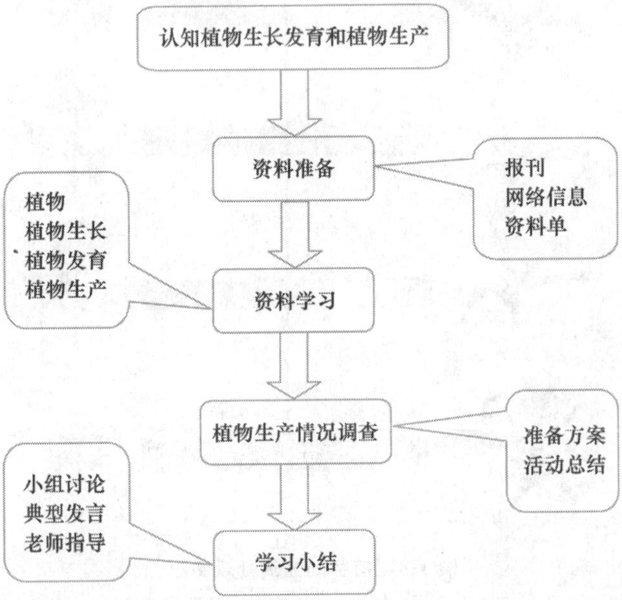


### (二)项目任务实施

1. 在教师的指导下,学习植物生长发育、植物生产的概念、特点、作用

2. 对当地进行植物生产情况调查

(1)调查准备。通过图书、报刊、网络查询等途径,了解我国、本省和当地植物生产的基本情况。

(2)制订调查方案。以小组为单位制订调查计划,包括时间、地点、调查对象和内容、调查表格设计等。

(3)调查活动。在查阅资料的基础上，按照制订的调查方案，通过走访当地农业管理部门、农业技术人员、农业合作组织负责人、家庭农场主等，了解当地种植的植物种类、特色植物等。

(4)调查总结。根据调查结果每人撰写一份不少于600字的调查总结。在教师的组织下与同学们交流学习。

3. 学习小结

(1)每人写一份学习收获。

(2)小组讨论，用集体的智慧完成一份较好的学习收获体会。

(3)每组选一个代表做典型发言，在全班讲解小组的学习方法、学习收获，组员补充收获的内容。

(4)教师组织发动全班同学讨论、评价各小组的学习情况，达到全班同学共享学习资源和收获体会，巩固所学的知识内容。

## 三、学习拓展

1. 新型职业农民

新型职业农民是指以农业为职业、具有一定的专业技能、收入主要来自农业的现代农业从业者。

新型职业农民大体分为三类：一是生产经营型职业农民，是指以农业为职业、占有一定的资源、具有一定的专业技能、有一定的资金投入能力、收入主要来自农业的新型生产经营主体；二是专业技能型职业农民，是指在农业企业、专业合作社、家庭农场、专业大户等新型农业经营主体从事农业劳动作业，并以此为主要收入来源，具有一定专业技能的现代农业劳动力；三是服务型职业农民，是指在经营性社会服务组织或个体直接从事农业产前、产中、产后服务，并以此为主要收入来源，具有相应服务能力的现代农业社会化服务人员。

2. 农业合作经济组织

农业合作经济组织，又称农业合作社，是指农民、尤其是以家庭经营为主的农业小生产者为了维护和改善各自的生产及生活条件，在自愿互助和平等互利的基础上，遵守合作社的法律和规章制度，联合从事特定经济活动所组成的企业组织形式。

农业合作经济组织在合作目标上具有服务性和营利性的双重性，在合作经营结构上有统一经营与分散经营相结合的双层次性。

3. 现代农业

现代农业是广泛应用现代科学技术、现代工业提供的生产资料和科学管理方法进行的社会化农业。在按农业生产力性质和水平划分的农业发展史上，属于农业的最新阶段。

现代农业包括两方面的主要内容：一是农业物质条件和技术的现代化。即利用先进的科学技术和生产要素装备农业，实现农业生产机械化、电气化、信息化、生物化和化学化；二是农业组织管理的现代化。即通过创新农业生产经营管理手段，实现农业生产专业化、社会化、区域化和企业化。核心内容就是用现代发展理念指导农业，用现代物质条件装备农业，用现代科学技术改造农业，用现代产业体系提升农业，用现代经营形式推进农业，用培养新型农民发展农业，大力提高土地产出率、资源利用率和农业劳动生产率，增强农业竞争力和可持续发展的能力。

# 任务二　认知植物生产的环境要素

## 一、学习准备

### (一)知识准备

植物生产的环境要素包括自然要素、农业生产要素和社会要素三个方面,如图1-9所示。

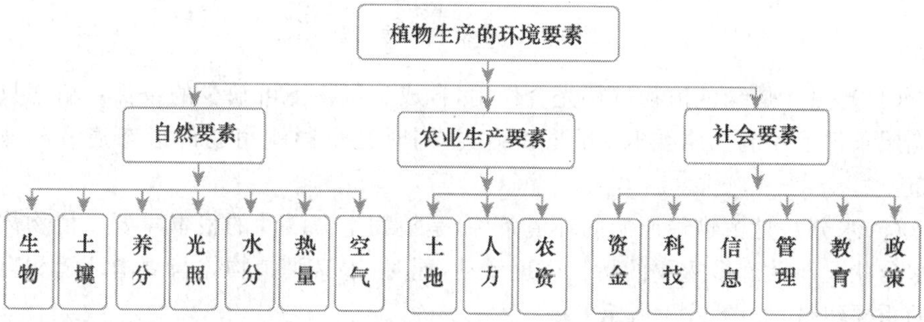


图 1-9　植物生产的环境要素

1. 植物生产的自然要素

植物生产的自然要素指直接决定植物的生长发育条件,缺少其中一种,植物就不能生存,主要有以下几种。

(1)生物。包括植物、动物和微生物。有些动物可消灭害虫、松动土壤、辅助授粉,促进植物生产,对植物的生产有利;而有些动物践踏、吃食、危害植物,造成植物减产甚至绝收,对植物生产有破坏作用。微生物可促进土壤团粒结构形成,影响土壤养分转化,提高土壤有机质含量,固氮,降解土壤毒性等,从而改善植物生长的土壤条件,促进植物生长发育。植物一方面提供农业产品被人类利用,另一方面又作为杂草,影响其他生产用植物的生长。

(2)土壤。在植物生长和农业生产中具有不可替代的作用:一是营养库作用;二是雨水涵养作用;三是生物的支撑作用;四是稳定和缓冲环境变化的作用。

(3)养分。是指植物生长发育所必需的化学营养元素,如图1-10所示。土壤中的养分数量不能完全满足植物生长需要,必须投入人工养分,即肥料。无土栽培是将植物所需养分配成溶液以维持植物生长需要的人工栽培措施。

图1-10 植物的营养元素

(4)光照。是绿色植物进行光合作用,合成有机物不可缺少的条件。植物只有在光照条件下才能正常生长、开花和结实;同时光也影响植物的形态建成和地理分布。

(5)水分。是植物最原始的环境条件,是植物生命活动的根本需要。植物体内的水分状况涉及许多重要的植物生理活动,同时,水又是植物体与周围环境相互联系的重要纽带,如图1-11所示。

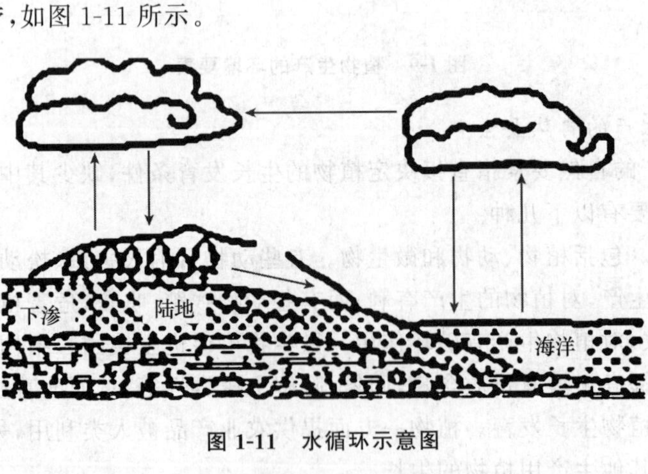


图1-11 水循环示意图

(6)热量。一般用温度表示。植物只有在一定的温度范围内才能够生长。

(7)空气。空气中影响植物生长发育的主要是氧气、二氧化碳、氮气。

植物生长发育的各个时期都需要氧气进行呼吸作用,为植物生命活动提供能量。二氧化碳是植物进行光合作用的主要原料。氮气是大气成分中组成最多的气体,仅有少数根瘤植物可以用根瘤菌来固定大气中的游离氮。

2. 植物生产的农业生产要素

(1)土地。是人类生息、发展和从事农业生产活动不可缺少的物质基础,也是植物生长发育及农业生产难以替代的平台。

土地具有三个特点:一是土地数量的有限性,人类不能制造土地;二是土地空间位置的固定性,不能移动,不能置换;三是土地生产的可持续性。只要合理使用和养育,土地就会成为永久性的生产资料。

(2)人力资源。也称劳动力资源,是指在劳动年龄以内能从事农业劳动的人的数量和质量总称。

(3)农业生产资料。是农业生产所必需的物资。对种植业而言,主要包括种子、肥料、农药、农用机械和地膜类等生产消耗品。

3. 植物生产的社会要素

(1)农业资本。是用于农业生产经营的各种财物和资源的总和,是市场经济条件下,农业生产单位获取各种生产要素和其他社会要素的不可缺少的重要手段。

(2)科技。农业科学技术是揭示农业生产领域发展规律的知识体系及其在生产中应用成果的总称,包括科学和技术两个方面(表 1-2)。

**表 1-2　科学和技术的区别**

| 区别 | 定义 | 任务 |
|---|---|---|
| 科学 | 关于自然、社会和思维的知识体系 | 探索和揭示事物发展的客观规律,主要是对客观规律的认知 |
| 技术 | 各种工艺操作方法和技能,包括各种物化了的生产手段和物资装备 | 把人们对客观规律的认知用于改造世界 |

(3)信息。是指依据一定需要而收集到的,经过加工整理后具有使用价值的图形、文字、公式、方法、数据、图表等知识元素的总称。

(4)管理。是社会组织中,管理者为了实现预期的目标,以人为中心进行的协调活动。

(5)教育。农业教育是传授农业科学知识和农业生产技术的重要手段,从知识、技能和思想品德上培养一定社会所需要的农业科技、管理人员和农业劳动者的活动。

农业教育和农业科学研究、农业推广三者密切结合、相互促进，已成为农业中智力投资的重要形式和推动农业生产发展的有效途径。

(6)政策。农业政策是根据党的路线、方针和原则，为了发展农业生产和农村经济，在一定时间内为实现在农业方面所要达到的目标而制定的具有激励或约束其经济活动的各种行动的准则。

植物生产的各种要素不是单独起作用，某一要素必须与其他要素配置才能形成生产力，生产出各种产品。

**(二)资料准备**

(1)图书馆或资料室。利用现有的图书馆或资料室以及报刊，查找当地植物生产自然环境要素、农业生产环境要素和社会环境要素基本情况；

(2)网络资源。利用电脑、WiFi 等查找有关植物生产各种环境要素的概念、特点、应用等方面的信息资料；对比本省(市)和中国，当地植物生产环境要素存在的优势和不足。

(3)教师准备的资料单。关于植物生产各种环境要素的概念、特点、生产应用等方面的相关文章和资料。

## 二、项目设计与实施

**(一)项目任务设计**

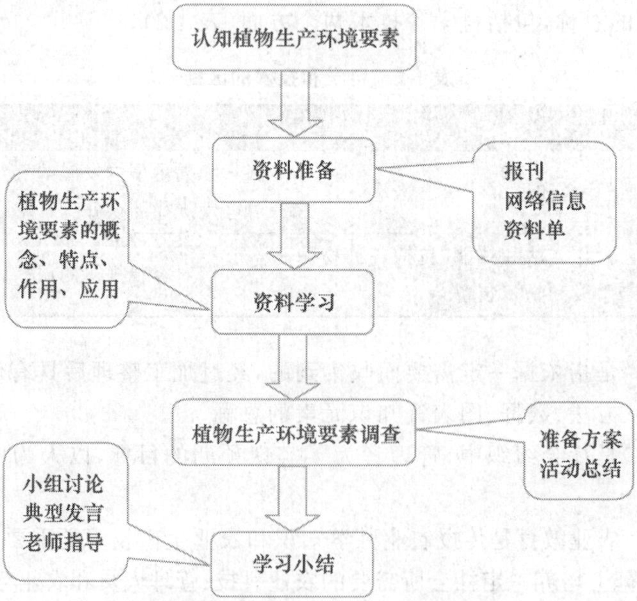

**(二)项目任务实施**

1.在教师的指导下,学习植物生产各环境要素的概念、特点、作用及应用

2.对当地植物生产环境要素进行调查,了解当地植物生产情况

(1)调查准备。通过图书、报刊、网络查询等途径,了解当地的自然资源、农业生产要素和社会要素的基本情况。

(2)制订调查方案。以小组为单位制订调查计划,包括时间、地点、调查对象和内容、调查表格设计等。

(3)调查活动。在查阅资料的基础上,按照制订的调查方案,进一步通过走访当地农业管理部门、农业技术人员、农业合作组织负责人、家庭农场主等,实地了解当地某村植物生产基本情况、生产优势、主要技术、典型经验、存在问题等,完成表1-3和表1-4调查。

(4)调查总结。根据调查结果每人撰写一份不少于800字的调查总结。在教师的组织下与同学们交流学习。

**表1-3　某村植物生产自然要素基本情况**

调查人:__________　调查时间:__________　调查地点:__________

| 自然要素 | 基本情况 | 生产优势 | 存在问题 |
|---|---|---|---|
| 土壤养分 | | | |
| 生物 | | | |
| 光照 | | | |
| 热量 | | | |
| 水分 | | | |
| 空气 | | | |

**表1-4　某村植物生产的农业生产和社会要素基本情况**

调查人:__________　调查时间:__________　调查地点:__________

| 自然村村名 | 人口/人 | 劳力/人 | 土地面积/$hm^2$ | 耕地面积/$hm^2$ | 灌溉面积/$hm^2$ | 机械/($kW/hm^2$) | 资金/(元/$hm^2$) | 产量/($kg/hm^2$) |
|---|---|---|---|---|---|---|---|---|
| | | | | | | | | |
| 政策 | 落实的农业政策: | | | | | | | |
| 科技 | 推广的农业技术: | | | | | | | |

3. 学习小结

(1)每人写一份学习收获。

(2)小组讨论,用集体的智慧完成一份较好的学习收获体会。

(3)每组选一个代表做典型发言,在全班讲解小组的学习方法、学习收获,组员补充收获的内容。

(4)教师组织发动全班同学讨论、评价各小组的学习情况,达到全班同学共享学习资源和收获体会,巩固所学的知识内容。

## 三、学习拓展

1. 土地流转

是指农村家庭承包的土地通过合法的形式,保留承包权,将经营权转让给其他农户或其他经济组织的行为。农村土地流转是农村经济发展到一定阶段的产物,通过土地流转,可以开展规模化、集约化、现代化的农业经营模式。

坚持依法自愿有偿的原则,农民可以通过转包、转让、入股、合作、租赁、互换等方式将农村土地承包经营权有序流转给专业大户、家庭农场、农民合作社,发展多种形式的适度规模经营。

2. 家庭农场

是指以新型职业农民为主体。以家庭成员为主要劳动力,从事农业规模化、集约化、商品化生产经营,并以农业收入为家庭主要收入来源的新型农业经营主体。

3. 农业标准化

是指为了有关各方面的利益,对农业经济、技术、科学、管理活动中需要统一、协调的各类对象,制定并实施标准,使之实现必要而合理的统一的活动。其目的是将农业的科技成果和多年的生产实践相结合,制定成“文字简明、通俗易懂、逻辑严谨、便于操作”的技术标准和管理标准向农民推广,最终生产出质优、量多的农产品供应市场,不但能使农民增收,同时还能很好地保护生态环境。其内涵就是指农业生产经营活动要以市场为导向,建立健全规范化的工艺流程和衡量标准。

农业标准化的内容十分广泛,主要有以下几项:

(1)农业基础标准。是指在一定范围内作为其他标准的基础并普遍使用的标准。主要是指在农业生产技术中所涉及的名词、术语、符号、定义、计量、包装、运输、贮存、科技档案管理及分析测试标准等。

(2)种子、种苗标准。主要包括农、林、果、蔬等种子、种苗、种畜、种禽、鱼苗等品种种性和种子质量分级标准、生产技术操作规程、包装、运输、贮存、标志及检验方法等。

(3)产品标准。是指为保证产品的适用性,对产品必须达到的某些或全部要求制定的标准。主要包括农林牧渔等产品品种、规格、质量分级、试验方法、包装、运输、贮存、农机具标准、农资标准以及农业用分析测试仪器标准等。

(4)方法标准。是指以试验、检查、分析、抽样、统计、计算、测定、作业等各种方法为对象而制定的标准。包括选育、栽培、饲养等技术操作规程、规范、试验设计、病虫害测报、农药使用、动植物检疫等方法或条例。

(5)环境保护标准。是指为保护环境和有利于生态平衡、对大气、水质、土壤、噪声等环境质量、污染源检测方法以及其他有关事项制定的标准。例如水质、水土保持、农药安全使用、绿化等方面的标准。

(6)卫生标准。是指为了保护人体和其他动物身体健康,对食品饲料及其他方面的卫生要求而制定的农产品卫生标准。主要包括农产品中的农药残留及其他重金属等有害物质残留允许量的标准。

(7)农业工程和工程构件标准。是指围绕农业基本建设中各类工程的勘察、规划、设计、施工、安装、验收,以及农业工程构件等方面需要协调统一的事项所制定的标准。如塑料大棚、种子库、沼气池、牧场、畜禽圈舍、鱼塘、人工气候室等。

(8)管理标准。是指对农业标准领域中需要协调统一的管理事项所制定的标准。如标准分级管理办法、农产品质量监督检验办法及各种审定办法等。

【评价反馈】

**(一)自我评价**

1.名词解释

顶端优势、植物生产、光周期现象、植物的休眠、物候期

2.填空

(1)植物生长的相关性主要有__________、__________和__________等。

(2)植物的生长周期主要包括__________、__________和__________等。

(3)植物的成花过程包括__________、__________和__________三个阶段。

(4)植物生产的自然要素有______、______、______、______、______、______、空气等。

(5)植物生产的农业生产要素有__________、__________、__________等。

(6)植物生产的社会要素包括农资、资金、________、________、________、________等。

(7)植物的扦插、嫁接、育苗等技术是利用了植物生长的____________特点。

(8)根据植物对低温范围和时间要求的不同,可将植物分为________、________和半冬性植物三类。

(9)土地具有三个特点:一是________________;二是土地空间位置的固定性;三是________________。

(10)________、________和农业推广三者密切结合、相互促进,已成为农业中智力投资的重要形式。

3.简答题

(1)简述植物营养生长和生殖生长的关系。

(2)什么是花芽分化?有何作用?

(3)植物生产有何特点和作用?

**(二)小组评价(附表1)**

**(三)综合评价**

1.教师评价

(1)对整个学习内容的小结归纳。

(2)对学习过程的总体评价。

教师签名________________

2.学生评价

(1)对教师授课效果的评价。

(2)对学习效果的评价。

学生签名________________

# 项目二　植物的生长发育

任务一　认知植物的细胞

任务二　认知植物的组织

任务三　认知植物的营养器官

任务四　认知植物的生殖器官

【学习目标】

1. 认识显微镜并掌握显微镜使用方法

2. 了解植物细胞、组织、器官的概念、组成及结构

3. 学会观察植物细胞、组织、器官的形态、构造和种子生活力的测定方法

【工作任务描述】

本项目分为认知植物的细胞、组织、营养器官和生殖器官 4 个任务。通过本项目任务的操作与学习，能让学员认识并学会观察植物细胞、组织、器官的形态、结构，学会测定种子生活力；通过实训室内标本、挂图观察，生物绘图等，增强学员对本项目的学习兴趣，培养学员观察记录、对比分析、规范操作、精益求精等职业素质。

【内容结构】

# 任务一　认知植物的细胞

## 子任务一　认知与使用显微镜

### 一、学习准备

#### (一)知识准备

显微镜构造很复杂,种类很多,但基本结构均由机械和光学两大部分构成,如图 2-1 所示。

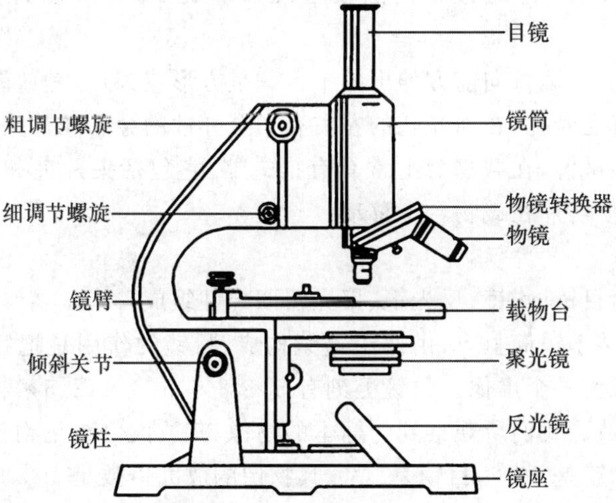


图 2-1　单目显微镜的结构图

1.机械部分

它是为光学部分服务的部件，包括以下几个部分：

(1)镜座。显微镜最下面呈马蹄形或圆形的部分，起稳定和支撑镜身作用。

(2)镜柱。从镜座向上直立的短柱。上连镜臂，下连镜座，可以支撑镜臂和载物台。

(3)镜臂。弯曲成马蹄形的部分，便于手持。

(4)倾斜关节。镜柱和镜臂交界处有一个能活动的关节。它可以使显微镜在一定的范围内后倾(一般倾斜不得超过 45°)便于观察。但是在使用临时封片观察时，禁止使用倾斜关节，尤其是装片内含酸性试剂时严禁使用，以免污损镜体。

(5)镜筒。和镜臂上方连接的圆筒部分。有的显微镜镜筒内有一抽管，可适当抽长，一般长度是 160～170 mm。镜筒上端装有目镜，下端有一个可转动的圆盘，叫物镜转换器。

(6)物镜转换器(或叫物镜旋转盘)。固着在镜筒下端，分两层，上层固着不动，下层可自由转动。转换器上有 2～4 个圆孔，用来安装不同倍数的低倍或高倍物镜。作用是保护成像的光路与亮度。

(7)准焦螺旋(也叫调节螺旋)。为镜壁上两种可转动的螺旋，一大一小，能使镜筒上下移动，调节焦距。大的叫粗准焦螺旋，位于镜臂的上方，可以转动，以使镜筒能上下移动，从而调节焦距，升降镜筒较快，用于低倍镜对焦；小的叫细准焦螺旋，位于镜臂的下方，它的移动范围较粗准焦螺旋小，升降镜筒较慢，可以细调焦距。

(8)载物台。从镜臂向前方伸出的平台。呈方形或圆形，是放置玻片标本的地方。其中央具有通光孔，在通光孔的左右有一个弹性的金属压片夹，用来压住载玻片。较高级的显微镜，在载物台上常具有推进器，它包括夹片夹和推进螺旋，除夹住切片外，还可使切片在载物台上移动。

2.光学部分

光学部分由目镜、物镜、反光镜、聚光器四部件组成。

(1)目镜。装于镜筒上方，由两组透镜构成，目镜的作用是把物镜所形成的倒立实像再放大成为一个虚像。目镜上刻有 5×、8×、10×、12.5×、16×、25×等符号，表示放大倍数。我们所观察到的标本的物像，其放大倍数是物镜和目镜放大倍数的乘积。如物镜是 10×，目镜是 5×，其物像的放大倍数是 10×5＝50 倍。

在目镜内两个透镜间的光栏上可装一根剪短的毛发，作为指针，用以指示要观察的材料。

(2)物镜。装在镜筒下端物镜转换器的孔中，一般的显微镜有 2～4 个物镜镜头，每个镜头都是由一系列的复式透镜组成的，其上也有放大倍数记号，有 4×、10×、40×及 100×。4×及 10×物镜是低倍镜，40×是高倍镜，100×是油镜。低倍镜常用于搜索观察对象及观察标本全貌，高倍镜则用于观察标本某部分或较细微的结构，油镜则常用于观察微生物或动植物更细微的结构。

(3)集光器(聚光器)。位于载物台(通光孔)下方，由两块或数块镜组成，它能将反光镜反射来的光线集中以射入物镜和目镜，有的聚光器可升降，便于调光，集光器下有一可伸缩的圆形光圈，叫虹彩光圈，可调集光器口径的大小和照射面，以调节光线强弱(有的显微镜只有遮光极而无集光器)。光线过强时，可缩小虹彩光圈。

(4)反光镜。是显微镜观察时获得光源的装置，位于显微镜镜座中央，一面为平面镜，一面为凹面镜。转动反光镜，可使外面光线通过集光器照射到标本上。使用时，光线强用平面镜，光线弱用凹面镜。

### (二)仪器和材料准备

光学显微镜、观察用的永久玻片、香柏油、二甲苯、擦镜纸。

## 二、项目设计与实施

### (一)项目任务设计

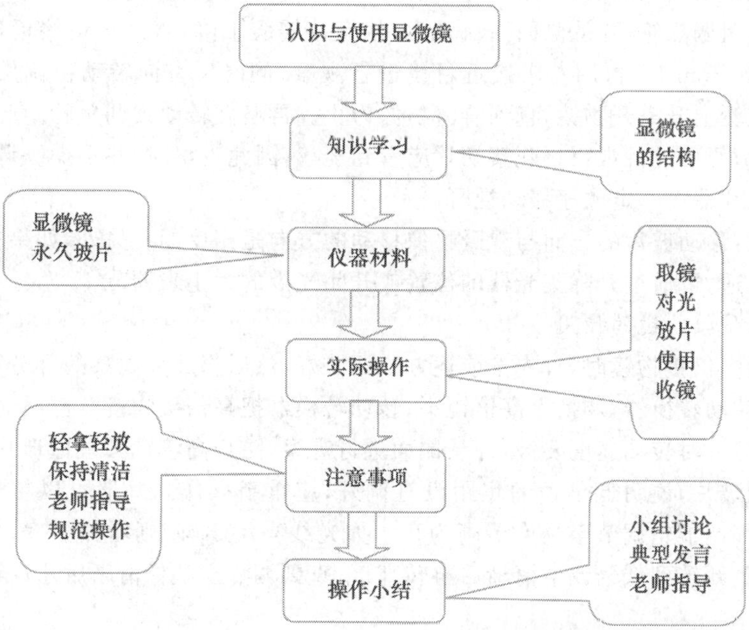

### (二)项目任务实施

在老师的示范和指导下具体操作,学习使用显微镜的方法。

1. 取镜

小心打开箱子,右手握住镜臂,左手托住镜座,取出显微镜。(尽量保持平稳,防止碰撞及零件脱落)。小心把显微镜轻放在实验台上。安装好目镜和物镜。检查镜的各部分是否完好。镜体上的灰尘可用绸布擦拭,不准用其他物品接触镜头。

2. 对光

观察者端正自然坐好。首先转动转换器,使低倍物镜对准通光孔(到刚好有卡槽卡住处),物镜的前端与载物台要保持 2 cm 的距离。然后将反光镜旋转调节至合适的位置。打开光圈,升起集光器,观察者一边用左眼经目镜观察(右眼也要睁开,以方便观察的同时画图),一边转动反光镜,至视野内明亮、均匀为止。

3. 放片

把所要观察的玻片标本置于载物台上,用压片夹或者十字推进器固定好玻片,标本要正对通光孔的中心。

注意:观察切片要先经肉眼观察,再放到镜下观察。放置切片要注意盖玻片在上(放反时高倍镜看不清图像,并易损伤物镜或压碎切片),夹持稳定后用推片器将玻片要观察的组织推至集光器正上方,然后观察。

4. 低倍接物镜的使用

转动粗调焦轮,并从侧面注目观察,使镜筒缓缓下降,直到物镜接近玻片标本为止(约 0.5 cm)。再用左眼接近目镜进行观察,同时反方向转动粗调焦轮螺旋,使镜筒缓缓上升离开物镜,直到看清物像为止。再略微转动细调焦轮,直至物像调至最清晰,便可进行观察。观察切片应看到全貌,因此观察时,左手操纵调节器,右手调节推片器按一定顺序移动视野。

注意:移动玻片的方向与视野物像移动的方向是相反的。另外,如果视野内的亮度不合适,可通过升降集光器的位置或开闭光圈的大小来调节。

5. 高倍接物镜的使用

使用高倍接物镜时,首先按前述方法调节好,然后将放大观察的部分移至视野中心,再转动转换器,调换上高倍镜头,转动转换器把高倍接物镜转至通光孔中央,(转换高倍镜时转动速度要慢,并从侧面进行观察,防止高倍镜头碰撞玻片,如高倍镜头碰到玻片,说明低倍镜的焦距没有调好,应重新操作),一般可以粗略看到映像,再用细调节轮调节至物像清晰为止。如光线亮度不够,则增加强度,如看不到物像,则重新转到低倍调节清晰后再转高倍,直到调焦至映像清晰后才观察。

6.油镜的使用方法

(1)在使用油镜之前,必须先经低、高倍镜观察,然后将需进一步放大的部分移到视野的中心。

(2)将集光器上升到最高位置,光圈开到最大。

(3)转动转换器,使高倍镜头离开通光孔,在需观察部位的玻片上滴加一滴香柏油,然后慢慢转动油镜,在转换油镜时,从侧面水平注视镜头与玻片的距离,使镜头浸入油中而又不以压破载玻片为宜。

(4)用左眼观察目镜,并慢慢转动细调节螺旋至物像清晰为止。如果不出现物像或者目标不理想要重找,在加油区之外重找时应按:低倍→高倍→油镜程序。在加油区内重找应按:低倍→油镜程序,中途不得经高倍镜转换,以免油沾污镜头。

(5)油镜使用完毕,先用擦镜纸蘸少许二甲苯将镜头上和标本上的香柏油擦去,然后再用干擦镜纸擦干净。

7.收镜

实验完毕,把显微镜的外表擦拭干净。转动转换器,把两个物镜偏到两旁,并将镜筒缓缓下降到最低处。最后把显微镜放进镜箱里,送回原处。

**(三)注意事项**

显微镜使用的注意事项:

(1)持镜时必须是右手握臂、左手托座的姿势,轻拿轻放。不可单手持镜,避免零件脱落或碰到其他物品。放置的位置不可太近实验台的边缘,以免碰翻落地。

(2)保持显微镜的清洁。光学和照明部分只能用擦镜纸擦拭,切忌口吹手抹或用布擦,机械部分用布擦拭;水滴、酒精或其他药品切勿接触镜头和镜台,如果沾污应立即擦净。

(3)放置玻片标本时必须对准通光孔中央,且玻片不能反放,防止压坏玻片或碰坏物镜。

(4)要养成两眼同时睁开的习惯,以左眼观察视野,右眼用以绘图。

(5)不要随意取下目镜,以防止尘土落入物镜,也不要任意拆卸各种零件,以防损坏。

(6)使用完毕后,必须复原才能放回镜箱内,其步骤是:取下标本片,转动物镜转换器使镜头离开通光孔,下降镜台,平放反光镜,下降集光器(但不要接触反光镜)、关闭光圈,推片器回位,盖上绸布和外罩,放回实验台柜内。最后填写使用登记表。(注:反光镜通常应垂直放,但有时因集光器没提至应有高度,镜台下降时会碰坏光圈,所以现在很多人主张改为平放)。

**(四)任务小结**

(1)每组写出一份实验报告,并对本组工作做出评价。

(2)每组选一个代表在全班发言,总结实验过程得失。教师参与讨论过程并指导,对各组进行评价。

# 子任务二　观察植物细胞的基本结构

## 一、学习准备

**(一)知识准备**

1.细胞的形态

(1)细胞的概念。是植物体结构和功能的基本单位。

植物的种类形形色色、千差万别,但就构造来说,除了低等的类型(病毒)以外,都是由细胞构成的。单细胞的低等植物,一个细胞就代表一个个体,一切生命活动,包括新陈代谢、生长、发育和繁殖,都由一个细胞来完成;复杂的高等植物,一个个体是由无数的细胞构成的,细胞之间有了机能上的分工和形态结构上的分化,它们相互依存、彼此协作,共同保证着整个有机体正常生活的进行。

(2)细胞的形状和大小。

①植物细胞的形状。植物细胞的形状多种多样,如图 2-2 所示。其形状主要与其所处的环境条件和生理机能有关,游离的细胞或者位于疏松组织中的细胞呈球形、卵形或椭圆形,而细胞排列较紧相互挤压的呈多面形,起运输作用的则为长形或纺锤形。

②植物细胞的大小。植物细胞的体积非常小,多数细胞的直径为 10～100 μm,一般肉眼无法辨别,因此必须借助显微镜才观察到。不同种类、不同部位的细胞大小差别很大。

多细胞植物体是由许许多多的、千差万别的、大小不同的细胞所组成的一个统一而复杂的生命有机体。

(3)细胞的结构。植物细胞由细胞壁和细胞膜内的原生质体两部分组成。原生质体是由细胞原生质分化而成的结构,原生质是一个总称。真核植物细胞的原生质体又可分为细胞膜、细胞质和细胞核三部分;原核植物细胞的原生质体中,没有明显的细胞质和细胞核的分化。细胞壁是包被原生质体的保护结构。如图 2-3 所示。

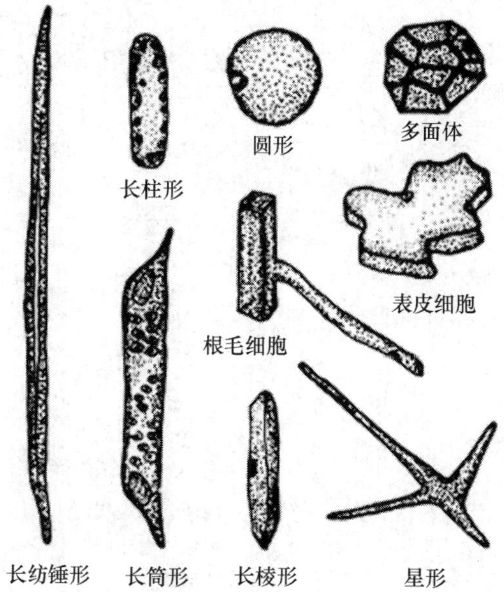


图 2-2　细胞的形状

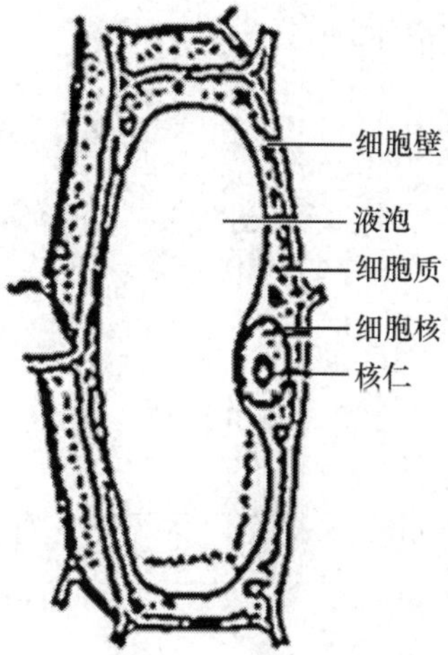


图 2-3　洋葱内表皮细胞示意图

①细胞壁。位于细胞的最外围，包围原生质体，是植物细胞特有的结构。

②原生质体。

质膜：是指细胞质最外面紧靠细胞壁的一层界膜，它是原生质体的最外部分。质膜具有选择透性，即物质的进出由它控制。因此，质膜能控制细胞与外界环境的物质交换。

细胞质：在已成熟的表皮细胞中，细胞中央形成大液泡，它将细胞质的其他部分和细胞核等挤到外围与细胞壁紧紧地贴在一起。液泡中的细胞液为溶解各种物质的水溶液。

细胞核：在成熟细胞中，细胞核常位于细胞的边缘，有的也会位于细胞的中央。在细胞核中还可以看到一两个或更多个圆球形颗粒，为核仁。

**(二)仪器和材料准备**

选择洋葱表皮、番茄或西瓜果肉；准备显微镜、载玻片、盖玻片、镊子、滴管、培养皿、刀片、剪刀、解剖针、吸水纸、蒸馏水、$I_2$-KI 染液等。

## 二、项目设计与实施

### (一)项目任务设计

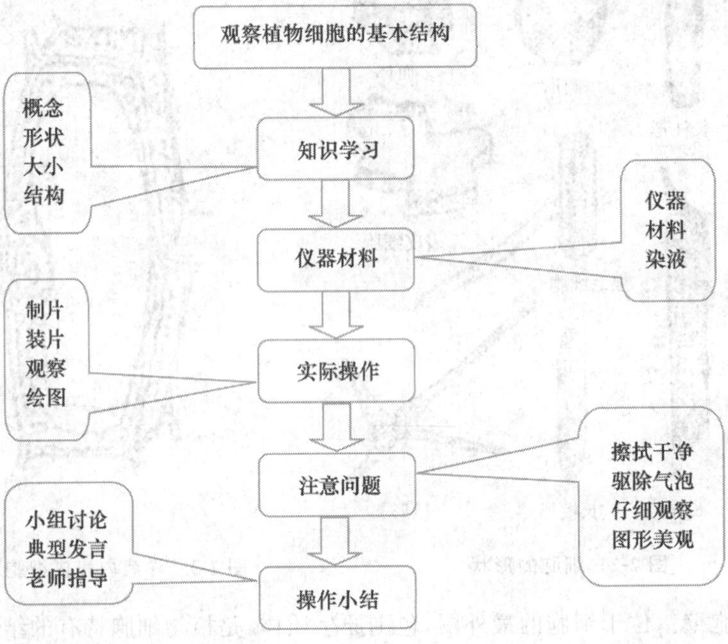


### (二)项目任务实施

1.制作临时装片

(1)擦载玻片和盖玻片。用左手拇指和食指夹住盖玻片的边缘,右手将纱布折成两层,并使其接触盖玻片的上、下两面,然后用右手拇指与食指相对移动纱布,均匀用力轻轻地擦拭。擦载玻片也用这种方法。

(2)用滴管吸取清水,在洁净的载玻片中央滴一小滴,以加盖玻片后没有水溢出为宜。用镊子将洋葱鳞叶或其他植物的叶表皮撕下,剪成 3～5 $mm^2$ 的小片,平整置于载玻片的水滴中(注意表皮外面应朝上)。

(3)盖上盖玻片。用镊子轻轻夹取盖玻片,先使盖玻片的一边与水滴边缘接触,再慢慢放下,以免产生气泡。若水过多,材料和盖玻片易浮动,则可用吸水纸从盖玻片的一边吸去。

2.观察洋葱表皮细胞的构造

(1)将装好的临时装片置显微镜下,先用低倍镜观察洋葱表皮细胞的形态和排列情况:细胞呈长方形,排列整齐,紧密。

(2)从盖玻片的一边加上一滴 $I_2$-KI 染液,同时用吸水纸从盖玻片的另一侧将多余的染液吸出。

(3)细胞染色后,在低倍镜下,选择一个比较清楚的区域,把它移至视野中央,再转换高倍镜仔细观察植物细胞的典型结构:细胞壁、细胞质、细胞核等。

细胞壁:洋葱表皮每个细胞周围有明显界限,被 $I_2$-KI 染液染成淡黄色,即为细胞壁。

细胞核:在细胞质中可看到,有一个圆形或卵圆形的球状体,被 $I_2$-KI 染液染成黄褐色,即为细胞核。细胞核内有一至多个染色较淡且明亮的小球,即为核仁。

细胞质:细胞核以外,紧贴细胞壁内侧的无色透明的胶状物,即为细胞质,$I_2$-KI 染色后,呈淡黄色,但比壁还要浅一些。

液泡:为细胞内充满细胞液的腔穴,在成熟细胞里,可见一个或几个透明的大液泡,位于细胞中央。

3. 生物绘图

使用显微镜观察标本时,要求双眼睁开,左眼看镜,右眼看图。

4. 果肉离散细胞的观察

(1)用解剖针挑取少许成熟的番茄或西瓜果肉,制成临时装片,置低倍镜下观察,可以看到圆形或卵圆形的离散细胞,与洋葱表皮细胞形状和排列形式皆不相同。

(2)在高倍镜下观察一个离散细胞,可清楚地看到细胞壁、细胞核、细胞质和液泡,其基本结构与洋葱表皮细胞相同。

### (三)注意事项

1. 制片、装片

(1)盖玻片很薄,擦拭时应特别小心。若盖(载)玻片太脏,可先用纱布蘸些水或无水乙醇进行擦拭。再用干净纱布擦净,放在洁净的玻璃皿中备用。

(2)如果盖玻片内有很多小气泡,可从盖玻片一侧浸入少许清水,将气泡驱除,即可进行观察。

(3)为更清楚地观察细胞,装片时可在载玻片上滴一滴碘液,将表皮放入碘液中再观察。

2. 观察

(1)细胞壁。由于细胞壁是无色透明的结构,所以观察时细胞上面与下面的平壁不易看见,而只能看到侧壁。

(2)细胞核。幼嫩细胞,核居中央;成熟细胞,核偏于细胞侧壁,多呈半球形或纺锤形。

(3)细胞质。在较老的细胞中,细胞质是一薄层紧贴细胞壁,在细胞质中还可以看到许多小颗粒,是线粒体、白色体等。

(4)液泡。观察液泡应注意在细胞角隅处观察,把光线适当调暗,反复旋转细调节器,能区分出细胞质与液泡间的界面。

3. 生物绘图

(1)保证形态、结构的准确性。

(2)图的大小及其在纸上分布的位置要适当。

(3)勾画图形轮廓。用削尖的 2H 绘图铅笔,轻轻勾画出图形的轮廓,确认无误时,再画出线条。

(4)图的阴暗及颜色的深浅应用细点表示。

(5)图形要美观。整个图形要保持准确、整齐、美观,图注一律用铅笔正楷书写。

**(四)任务小结**

(1)每人绘出一份洋葱表皮细胞构造图,组内对每个组员做出评价。

(2)每组选一个代表在全班发言,总结实验过程得失。教师参与讨论过程并指导,对各组进行评价。

# 任务二　认知植物的组织

## 一、学习准备

### (一)知识准备

植物组织是指由形态结构相似、功能相同的一种或数种类型的细胞组成的结构和功能单位,也是组成植物器官的基本结构单位,可分为分生组织和成熟组织两大类。

1. 植物分生组织

植物体中特定部位的部分细胞,在植物体的一生中极少分化,而是持续地保持着强烈的分裂能力,从而不断增加新细胞补充到植物体中,并且本身能继续存在下去,这种由能持续分裂的细胞组成的细胞群,称为分生组织。

按照分生组织在植物体中的分布位置不同,可分为顶端分生组织、侧生分生组织和居间分生组织三种,如图 2-4 所示。

(1)顶端分生组织。位于根、茎主轴和侧枝的顶端。顶端分生组织的分裂可使根、茎不断伸长,并在茎上形成分枝和叶,使植物体扩大营养面积;当植物转入生殖生长时,也形成花和花序。

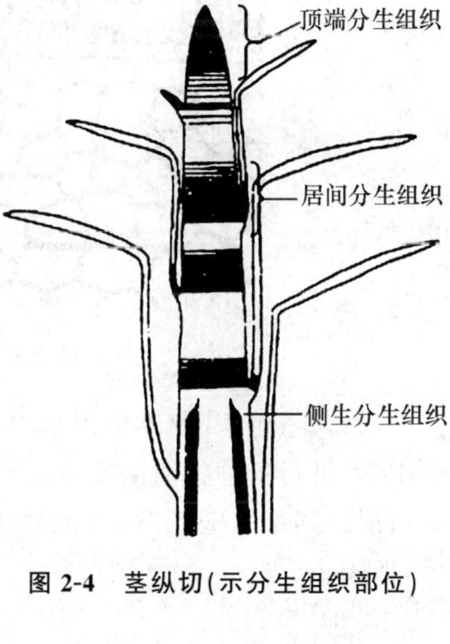

图 2-4　茎纵切(示分生组织部位)

(2)侧生分生组织。位于根与茎的侧方的周围部分,靠近器官边缘,与所在的器官的长轴平行排列。它包括维管形成层和木栓形成层。维管形成层的活动能使根和茎不断增粗,增强植物的机械支持能力;木栓形成层的活动可以在长粗的根、茎表面和受伤的器官表面产生新的保护组织周皮。

(3)居间分生组织。位于已分化成熟的组

织之间，常见于禾本科植物的节间基部和叶或叶鞘的基部。居间分生组织的活动可以使器官纵向急剧伸长，但活动时间较短，很快完全分化为成熟组织。

2. 植物的成熟组织

植物的成熟组织是由分生组织细胞分裂所产生的细胞经过生长和分化而来的组织。多数成熟组织在其形态、结构和生理功能上已经稳定，一般不表现分裂活性，有些完全丧失了分裂的潜能，因此又称永久组织。

依形态、结构和功能的不同，成熟组织又可分为保护组织、基本组织、机械组织、输导组织和分泌组织。

(1)保护组织。位于植物体的表面，由一层或数层细胞构成。具有防止水分过度蒸腾、机械损伤和病虫侵害等保护等作用，故称保护组织。可分为表皮和周皮两种。

①表皮。又称表皮层，覆盖于幼嫩的根和茎、叶、花、果实等的外表面，由一层生活细胞组成。细胞排列紧密，无细胞间隙，不含叶绿体，液泡较大，其细胞外壁常角化加厚形成角质层，有的还再覆盖一层蜡质。表皮上常分布有气孔和表皮毛。

②周皮。是由木栓形成层生成的次生保护组织。木栓形成层向外分裂形成大量的木栓层、向内分裂形成少量的薄壁细胞即栓内层，木栓形成层、木栓层和栓内层统称为周皮，如图 2-5 所示。在已经形成周皮的茎上，通常肉眼可以看到一些褐色或白色的圆形、椭圆形、方形或其他形状的突起斑点，称为皮孔。皮孔是周皮形成后，植物与外界环境进行气体交换的通道。

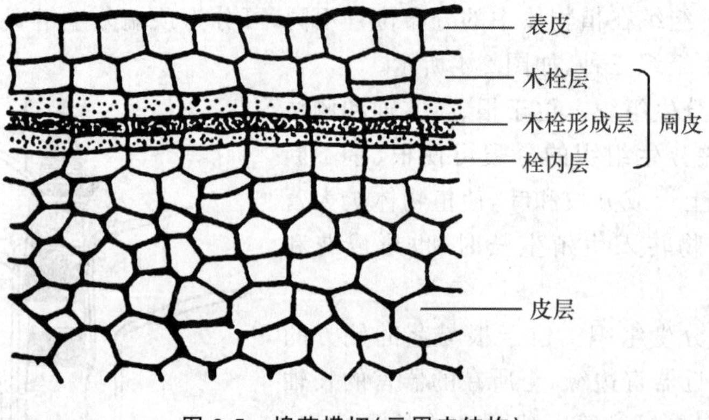


图 2-5 棉茎横切(示周皮结构)

(2)薄壁组织(营养组织)。在植物体内分布最广、数量最多，体积最大的一类组织，是进行各种代谢活动的主要组织。薄壁组织由生命力较强、直径相近的细胞群组成。其细胞壁较薄、液泡较大。薄壁组织主要功能有吸收、同化、贮藏、通气等，如图 2-6 所示。

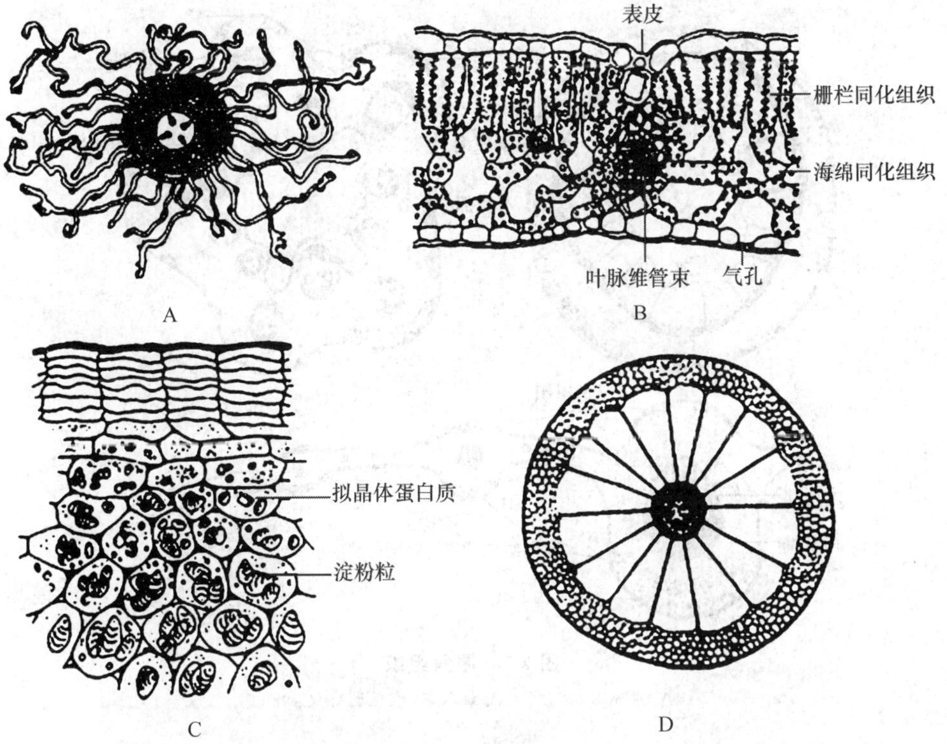


**图 2-6　薄壁组织不同功能**

A. 吸收　B. 同化　C. 贮藏　D. 通气

(3)机械组织。是对植物起主要支持作用的组织，具有加厚的细胞壁，很强的抗压、抗张和抗曲的能力，广泛分布于根、茎、叶柄等处，有时也存在于果实中。可分为厚角组织(图 2-7)和厚壁组织两种。厚壁组织又分为纤维(图 2-8)和石细胞(图 2-9)。

(4)输导组织。是由一些管状细胞上下连接而成，是输送水分、无机盐和有机物的组织。输导组织常和机械组织在一起组成束状，上下贯穿在植物体各个器官内。根据其结构和功能的不同，输导组织可分为两类。

①导管和管胞。导管(图 2-10)和管胞的主要功能是输导水和无机盐，主要作用就是把根系吸收的水分及无机盐输送到叶片供光合作用。

②筛管和伴胞。筛管和伴胞(图 2-11)是输送有机物质的输导组织，主要作用就是把叶片光合作用产生的营养物质(有机物质)输送到植物的各个组织中供生长发育的需要或贮藏起来。

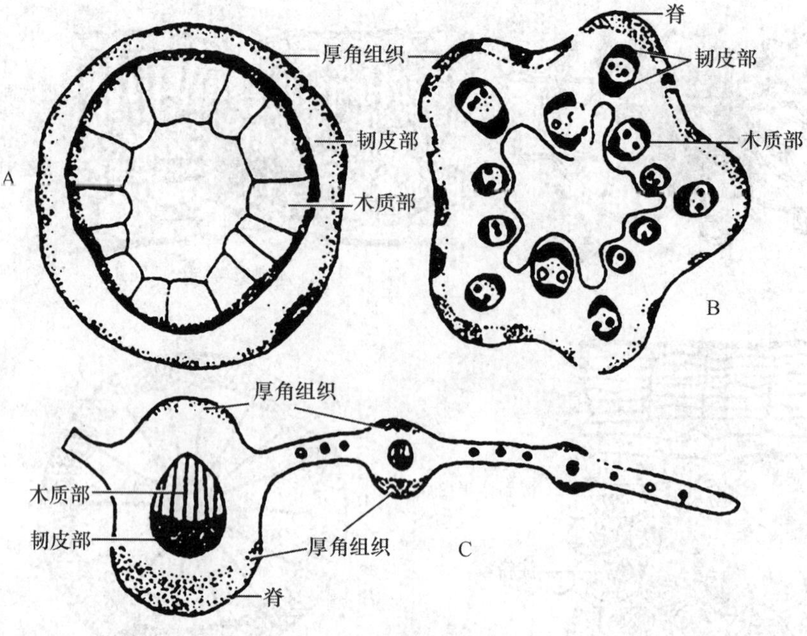


**图 2-7 厚角组织**

A. 木质茎（椴属） B. 草本茎（南瓜属） C. 叶

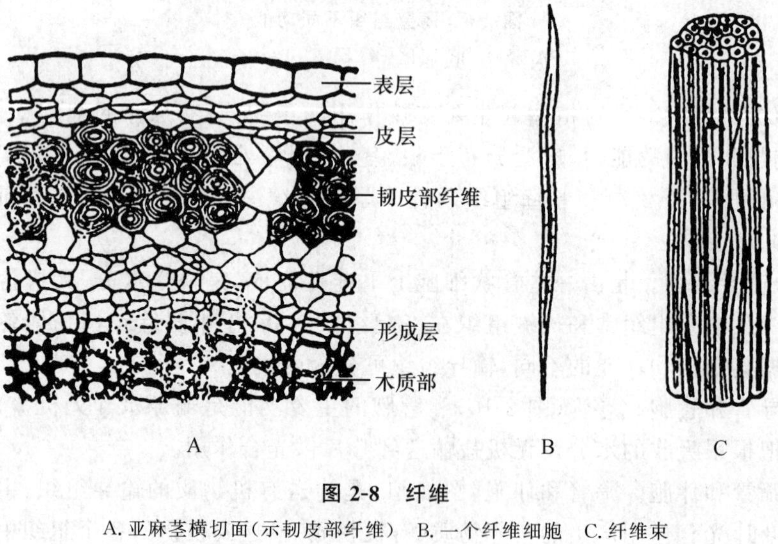


**图 2-8 纤维**

A. 亚麻茎横切面（示韧皮部纤维） B. 一个纤维细胞 C. 纤维束

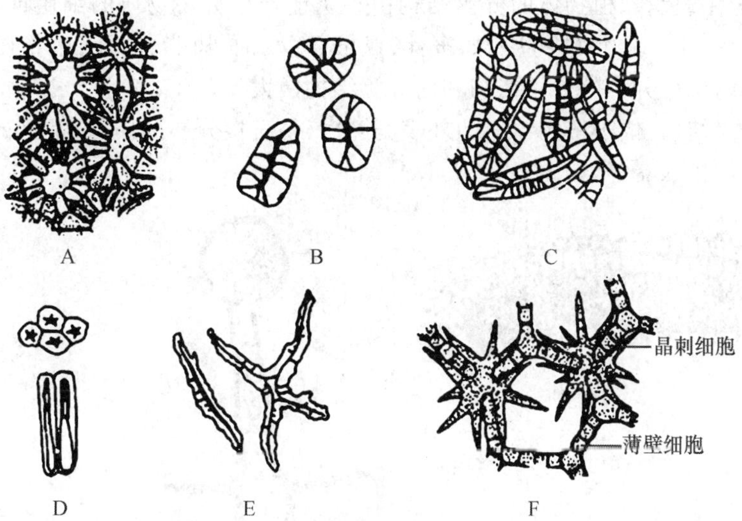


**图 2-9　石细胞**

A. 核桃内果皮　B. 梨果肉中　C. 椰子内果皮　D. 菜豆种皮　E. 山茶叶柄中　F. 萍蓬草叶柄中

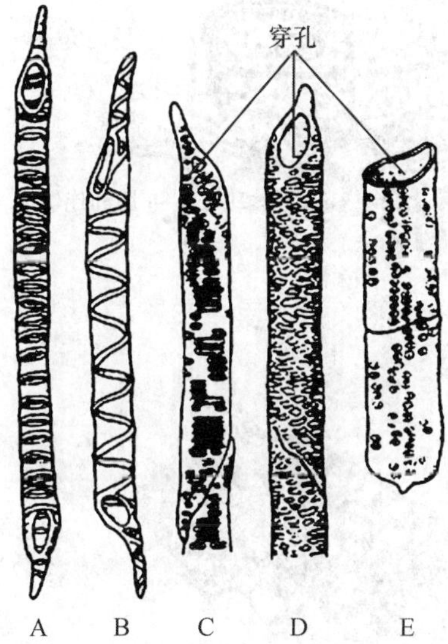


**图 2-10　不同纹路的导管**

A. 环纹　B. 螺纹　C. 梯纹　D. 网纹　E. 孔纹

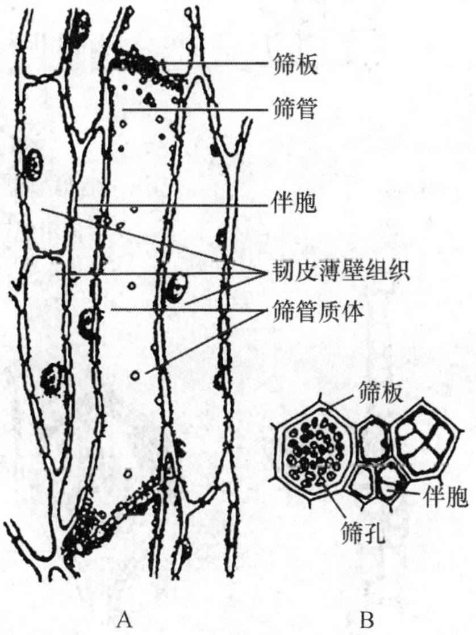


**图 2-11　筛管和伴胞**

A. 纵切面　B. 横切面

(5)分泌组织。植物体的分泌结构由一类能产生分泌物质的细胞或细胞组合而成,常可产生一些特殊物质,如蜜汁、黏液、挥发油、树脂、乳汁、生物碱、抗生素等。分泌结构可分为外分泌结构和内分泌结构两大类。

外分泌结构:位于植物器官的外表,其分泌物直接分泌到体外,常见的有腺毛、腺鳞、蜜腺、排水器等,如图 2-12 所示。

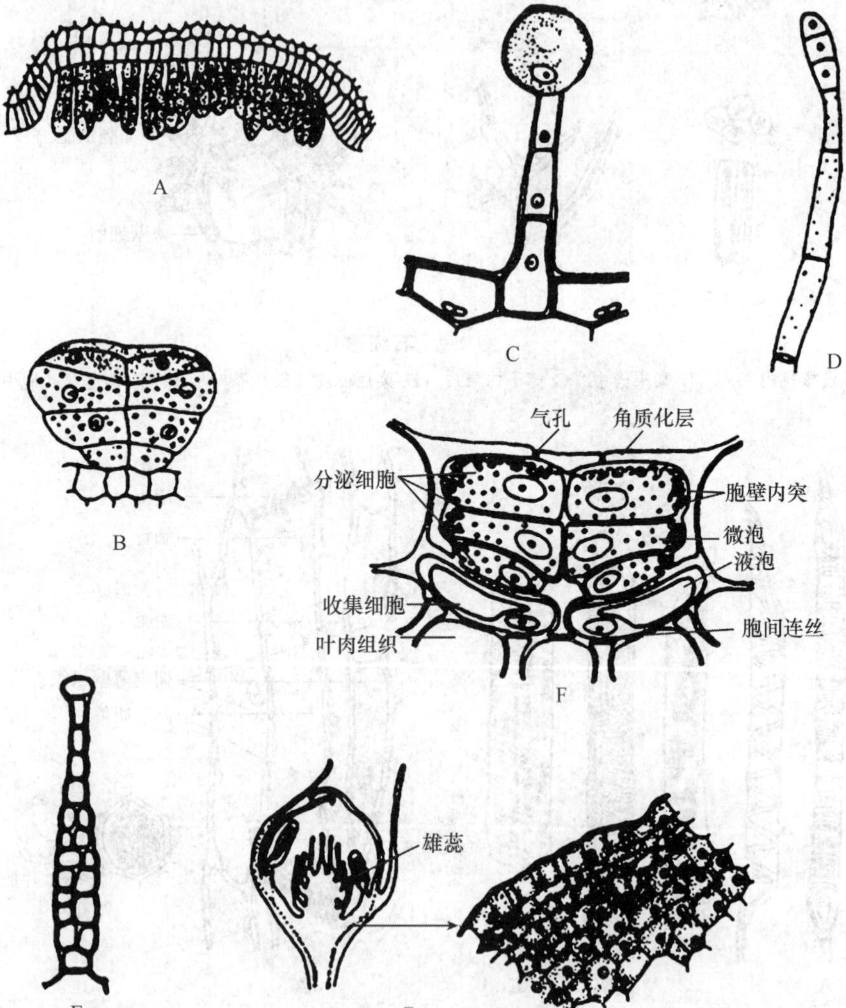


**图 2-12 外分泌组织**

A. 棉叶的蜜腺 B. 薄荷的腺鳞 C. 天葵茎腺毛 D. 烟草的腺毛

E. 麻属花的花蜜分泌毛 F. 柽柳的盐腺 G. 草莓的花蜜腺

内分泌结构：埋藏在植物的薄壁组织内，分泌物存在于围合的细胞间。常见的有分泌细胞、分泌腔、分泌道和乳汁管，如图 2-13 所示。

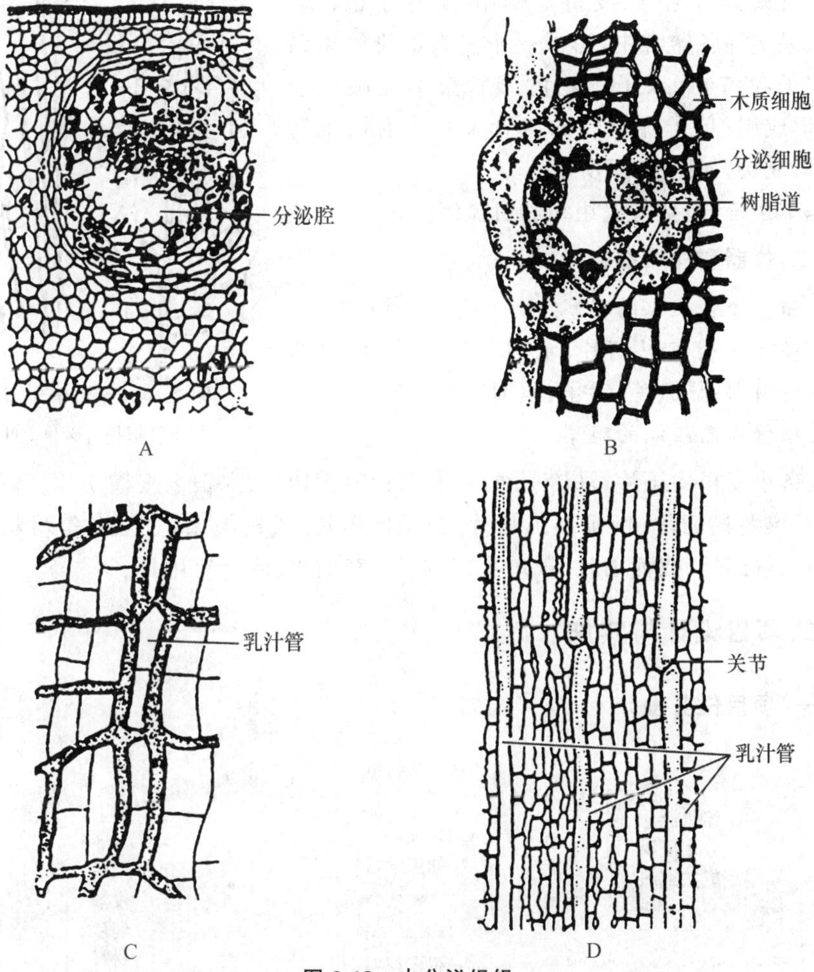


**图 2-13　内分泌组织**

A. 柑橘果皮分泌腔　B. 松树树脂道　C. 蒲公英乳汁管　D. 大蒜叶有节乳汁管

3. 组织系统

植物体内的各种组织不是孤立存在的，它们彼此紧密配合，共同执行着各种机能，从而使植物体成为有机统一体。通常将植物体或植物器官中由一些复合组织进一步在结构和功能上组合而成的复合单位称为组织系统。维管植物有三种组织系统，即皮组织系统、维管组织系统和基本组织系统，简称皮系统、维管系统和基本系统。

皮系统：包括表皮和周皮。

维管系统:包括木质部和韧皮部。

木质部和韧皮部常紧密结合,形成束状的维管束。维管束具有输导、支持等作用,贯穿于根、茎、叶、花、果实等各器官中,形成一个复杂的维管束系统。双子叶植物、裸子植物的维管束为无限维管束,有形成层;单子叶植物的维管束则为有限维管束,无形成层,如图 2-14 所示。

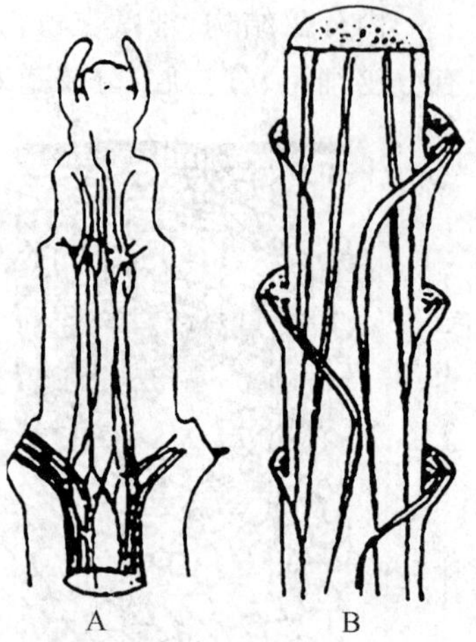


**图 2-14　茎维管束系统**

A. 双子叶植物　B. 单子叶植物

基本系统:包括薄壁组织和机械组织。

### (二)仪器和材料准备

1. 植物分生组织的观察

准备洋葱根尖纵切片、水稻茎尖切片、椴树茎横切片等材料;显微镜、镊子、解剖针等用具。

2. 植物成熟组织的观察

准备小麦根尖压片、马铃薯块茎切片、棉叶横切片、水稻老根横切片、薄荷茎横切片、椴树茎横切片、南瓜茎纵切片、梨果肉压片、松树枝条、蚕豆叶等材料;显微镜、镊子、解剖针、双面刀片、载玻片、盖玻片、蒸馏水、滴管等用具。

## 二、项目设计与实施

### (一)项目任务设计

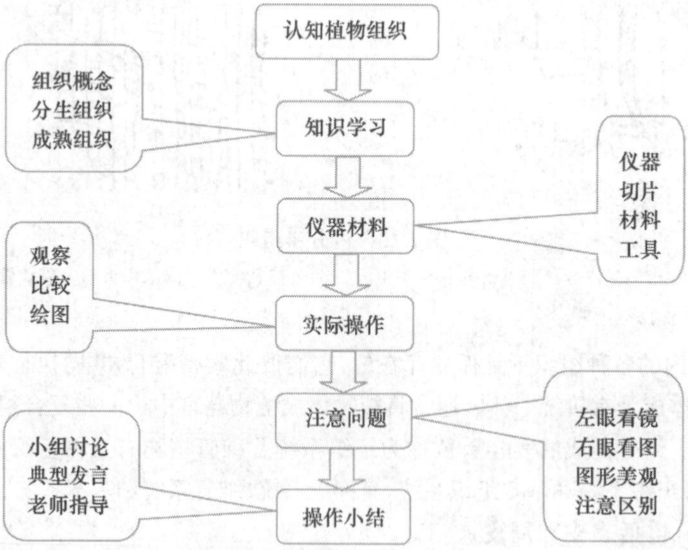

**(二)项目任务实施**

1.观察植物分生组织

(1)观察顶端分生组织。取洋葱根尖纵切片和水稻茎尖切片,在显微镜下观察根生长点的细胞,注意根尖(或茎尖)分生组织细胞的特点:细胞排列紧密,无细胞间隙,细胞壁薄,细胞质丰富,细胞核大并位于细胞的中央。

(2)观察侧生分生组织。取椴树茎横切片置显微镜下,观察木栓形成层和维管形成层的位置,分析各自的结构和特点:在维管束中可见几层染色较浅的扁平细胞,排列整齐,细胞壁很薄,这就是维管形成层;在茎的外方有几层扁平砖形细胞,排列紧密整齐,常被染成棕红色,就是木栓层;木栓层内方有一层形状相似的细胞,着色较浅而细胞核明显,就是木栓形成层。

(3)生物绘图。观察顶端分生组织和侧生分生组织的同时进行生物绘图。

2.观察植物成熟组织

(1)观察薄壁组织。

①观察吸收组织。取小麦根尖压片置显微镜下,观察根毛的形态和结构特点:可见小麦根尖的吸收组织细胞壁较薄,细胞核常在前端。

②观察贮藏组织。取马铃薯块茎切片置显微镜下,观察淀粉贮藏细胞的结构特点:可见马铃薯细胞中贮藏许多淀粉粒,并注意细胞的形状、排列及细胞壁厚薄等特征。

③观察同化组织。取棉叶横切片置显微镜下,观察上下表皮之间的栅栏组织和功能特点。

④观察通气组织。取水稻老根横切片置显微镜下观察:可见棉叶细胞内含许多叶绿体,注意观察细胞的排列、细胞间隙及细胞中叶绿体的分布情况;可见水稻老根薄壁组织中有许多大型的细胞间隙,即气腔。

(2)观察机械组织。

①观察厚角组织。取薄荷茎横切片置显微镜下观察厚角组织。注意在表皮下方细胞壁角隅处是否有加厚的细胞存在:薄荷茎横切片在四个角的紧靠表皮以内的数层细胞没有细胞间隙,细胞壁在三四个细胞相邻的角上加厚,这些角隅加厚的细胞群即厚角组织。

②观察厚壁组织。取椴树茎横切片置显微镜下观察厚壁组织:椴树茎横切片中可以看到在韧皮部的外侧,有成束的纤维细胞,细胞狭长、两端尖、细胞壁厚。这一细胞群即厚壁细胞。

③观察石细胞。取梨果肉石细胞压片观察,将梨的果肉切一薄片,注意聚集成团的石细胞团;每团之中有许多石细胞,石细胞被染成红色,而果肉细胞不起变化,

这是细胞壁木质化的显著标志，在石细胞的厚壁上还可以看到沟纹。

(3)观察输导组织。

①观察管胞。切取少许松树枝条。选取用组织离析法处理好的材料，用镊子选取少量材料，放在载玻片上用解剖针挑散，加一滴番红染色加盖玻片，在盖玻片一边滴加清水，在相对的一边用滤纸条吸水，洗去浮色，用纱布将装片擦干以后，置显微镜下观察：可以看到许多两端尖的长形细胞，这就是管胞。在每个管胞上可以看到许多圈圈，每个大圈中套有小圈，这便是具缘纹孔。

②观察导管。取南瓜茎纵切片观察五种不同类型的导管：导管是被子植物主要输水组织，根据其木质化增厚情况不同，其纹路有环纹、螺纹、梯纹、网纹和孔纹。

③观察筛管。取南瓜茎纵横切片在低倍镜下观察，首先分清维管束中的木质部和韧皮部，筛管在韧皮部：两筛管细胞间有筛板，筛板有许多小孔叫作筛孔。相连两细胞的原生质通过筛孔彼此相连，形成联络索。筛管侧面有一薄壁细胞相邻，即为伴胞。

(4)观察保护组织。

①观察双子叶植物表皮。撕取蚕豆叶下表皮一小块，置载玻片上用水合氯醛透化，放在显微镜下观察，可以看到：表皮细胞、气孔、表皮毛等。观察气孔是张开的还是关闭的？注意观察保卫细胞与表皮细胞的颜色有何不同？保卫细胞中有无叶绿体？

②观察禾本科植物叶表皮。取小麦叶表皮制片观察，仔细比较双子叶植物和单子叶植物叶表皮细胞和气孔的形态结构特征：小麦叶表皮细胞形状较规则，成行排列，包括相间排列的长短两种细胞，不含叶绿体，气孔由两个哑铃形的保卫细胞和两个副卫细胞组成，排列成行。

③观察周皮和皮孔。取椴树茎横切片置显微镜下观察其周皮和皮孔：椴树茎部的木栓层有些地方已破裂，向外突起，裂口中有薄壁细胞填充，这就是皮孔。木栓层、木栓形成层、栓内层三者合称周皮。

(5)生物绘图。

①绘制双子叶植物叶气孔结构图，并注字说明。

②绘制3种导管结构图，并注字说明。

**(三)注意事项**

(1)观察时要求双眼睁开，左眼看镜，右眼看图；绘图时要注意整个图形的美观性。

(2)注意南瓜茎为双韧维管束，具内外韧皮部。

**(四)任务小结**

(1)根据观察结果,每人绘出双子叶植物叶气孔结构图和3种不同类型的导管结构图,并加注文字说明;绘制蚕豆表皮细胞图,并注明各部分。

(2)在教师指导下分组讨论,列表比较各种成熟组织的细胞形态、特征、功能和在植物体中的分布等方面的异同,如表2-1所示。

**表2-1　植物各种成熟组织的比较**

| 成熟组织 | 类型 | 特点 | 功能 | 在植物体中分布 |
| --- | --- | --- | --- | --- |
| 薄壁组织 | | | | |
| 保护组织 | | | | |
| 机械组织 | | | | |
| 输导组织 | | | | |
| 分泌结构 | | | | |

(3)每组选一个代表在全班发言,总结实验过程得失。教师参与讨论过程并指导,对各组进行评价。

# 任务三　认知植物的营养器官

器官是由动植物体的不同组织构成的，具有一定形态特征和特定生理功能。高等植物器官为根、茎、叶、花、果、种子(实)，其中根、茎、叶是植物的营养器官，花、果实、种子是植物的生殖器官。器官之间虽然在结构和生理上有明显的差异，但彼此又密切联系、相互协调，体现了植物的整体性。

## 子任务一　观察植物根的形态、构造

### 一、学习准备

#### (一)知识准备

1. 植物的根

种子萌发时，胚根先突破种皮向地生长，便形成根。

(1)根的类型。根据其来源可分为主根和侧根。由种子的胚根生长发育而成的根称为主根。主根产生的各级大小分支称为侧根。

根据发生部位可分为定根和不定根。主根和侧根生长于植物体的一定部位，属于定根。许多植物除产生定根外，还可从茎、叶、老根或胚轴长出根，这些根称为不定根。

(2)根系。一株植物所有根的总体称为根系。根系常有一定的形态，按其形态的不同可分为直根系和须根系两大类，如图 2-15 所示。

2. 植物的根尖

植物的根尖是指从根的顶端到着生根毛的部分。其长度一般为 0.5～1 cm。根尖是根的生命活动中最活跃的部分，是根进行吸收、合成、分泌等作用的主要部位。根的伸长、根系的形成以及根内组织的分化也都是在根尖进行的。根尖从顶端起依次可分为根冠、分生区、伸长区和成熟区(开始长根毛的区域)四个部分，如图 2-16 所示。

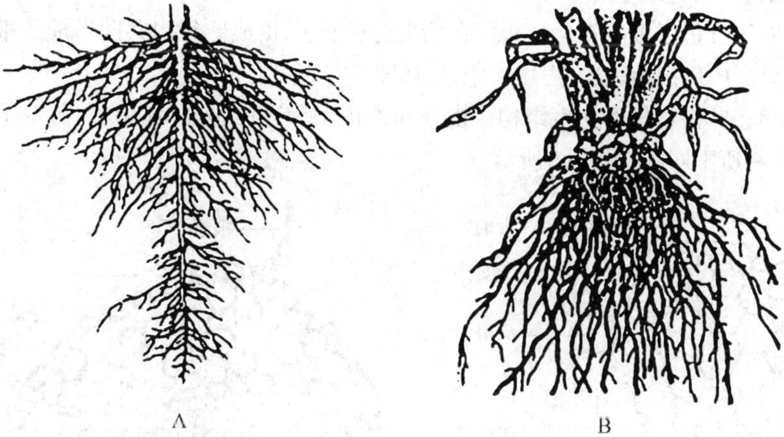


**图 2-15　根系模式图**

A. 直根系　B. 须根系

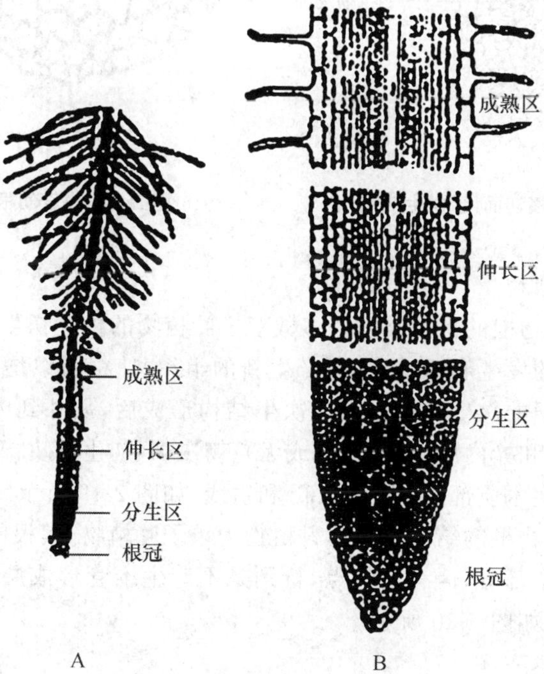


**图 2-16　根尖纵切**

A. 根尖分区　B. 纵切剖面

3.根的初生构造

(1)双子叶植物根的初生结构。在根尖的成熟区,由成熟组织共同形成了根的初生结构,由外向内依次为表皮、皮层和中柱,如图 2-17 所示。

(2)单子叶植物根的初生结构。由外向内依次为表皮、皮层和中柱,与双子叶植物根的结构有所不同,如图 2-18 所示。

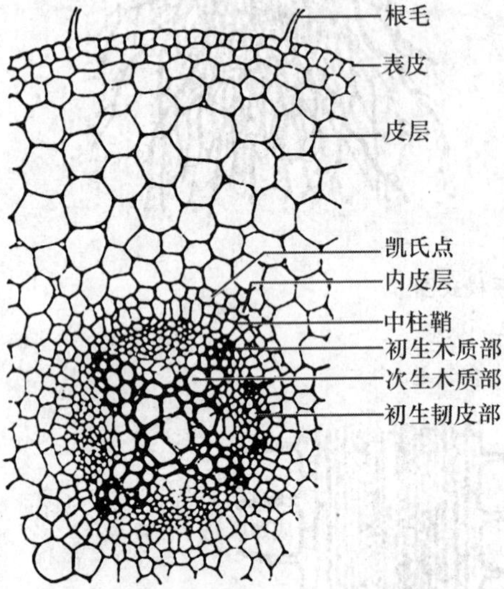


图 2-17 棉花根横切面(示初生结构)

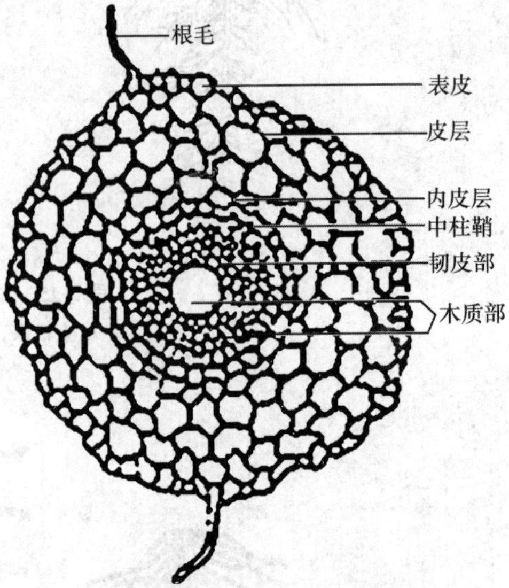


图 2-18 小麦幼根横切面

4.根的次生结构

(1)双子叶植物根的次生结构。多数双子叶植物的根在初生结构形成后,由于形成层和木栓层的发生和活动,不断产生新的组织,使根得以增粗,由这些组织所形成的结构称为根的次生结构。根的次生结构形成后,从外到内依次为:周皮(木栓层、木栓形成层和栓内层)、皮层(有或无)、韧皮部(初生韧皮部、次生韧皮部)、形成层、木质部(次生木质部、初生木质部)和射线,如图 2-19 所示。

(2)单子叶植物根的结构。禾本科植物为单子叶植物,其根的基本结构也是表皮、皮层、中柱三个部分,但有其特点,特别是不产生维管形成层和木栓形成层,不能进行次生生长,如图 2-20 所示。

5.根瘤和菌根

(1)根瘤。某些植物(如豆科植物)的根上常形成一些大小不等的瘤状突起,叫根瘤,如图 2-21 所示。

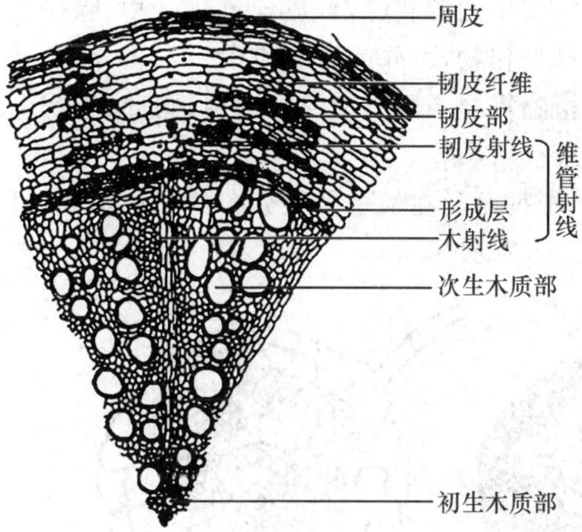


图 2-19　棉花老根的次生结构

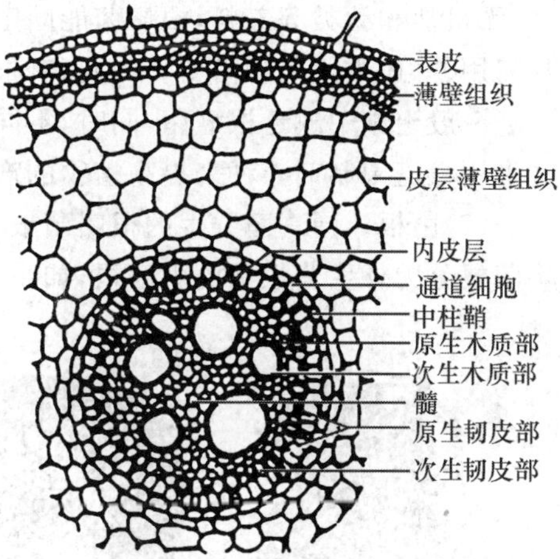


图 2-20　小麦老根的横切面

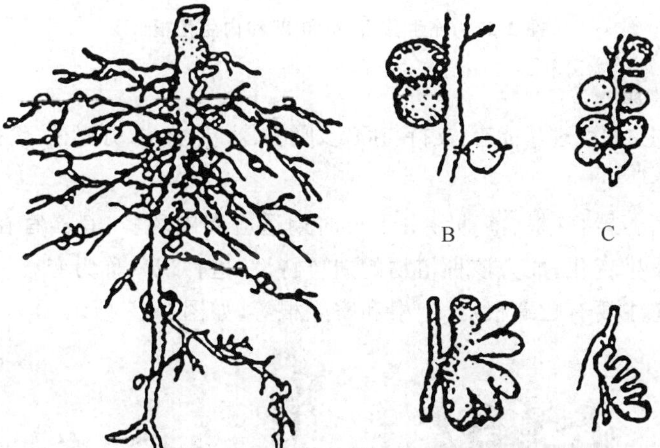


图 2-21　植物的根瘤

A、B. 大豆　C. 菜豆　D. 豌豆　E. 紫云英

植物与根瘤菌生活在一起，互相有利，这种现象叫做共生。植物根供给根瘤菌水、无机盐和糖类等养料，根瘤菌能固定空气中的游离氮，合成含氮化合物，除供自身需用外，还供给植物需要。因此，有根瘤的作物，可作为绿肥使用。

一般土壤中缺乏根瘤菌，同时，不同植物需要不同类型的根瘤菌，因此，生产上常采用根瘤菌制剂拌种来提高植物的产量。

(2)菌根。同真菌共生的根叫菌根。根据菌丝在根中生长分布的部位不同，可将菌根分为外生菌根和内生菌根，如图 2-22 所示。

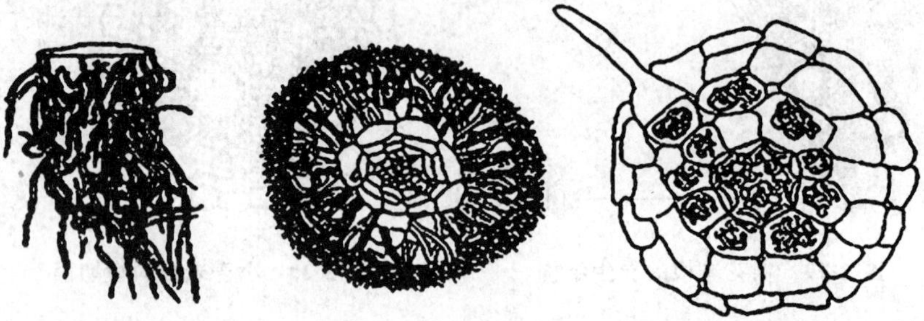
A B C

**图 2-22 外生菌根(A 和 B)和内生菌根(C)**

6. 根的功能

植物根的主要生理功能有：支持与固定、吸收、输导、合成、分泌、贮藏和繁殖作用。

7. 根变态

植物的营养器官(根、茎、叶)由于长时期适应周围环境，其器官在形态结构及生理功能上发生变化，成为该种植物的遗传特性，这种现象称为变态。

根的变态主要有贮藏根、气生根和寄生根等，如图 2-23 所示。

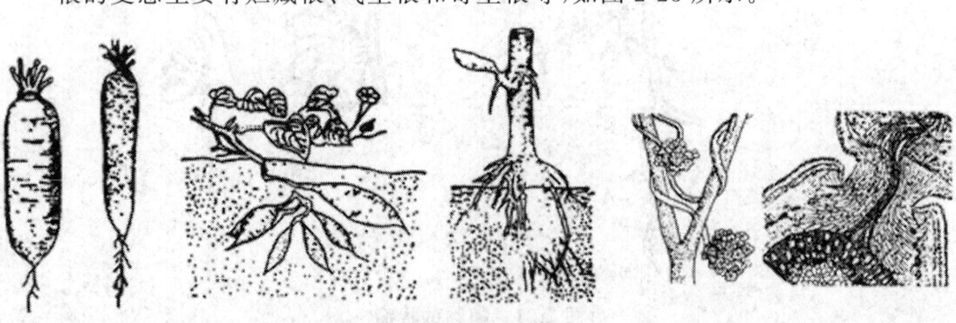
A B C D E

**图 2-23 根的变态**

A. 萝卜根 B. 胡萝卜根 C. 甘薯块根 D. 玉米根系 E. 菟丝子寄生根

### (二)仪器和材料准备

放大镜、显微镜、载玻片、盖玻片、刀片、镊子、所需的染色试剂;各种用来观察的葱根、小麦根、桔梗根、萝卜根、胡萝卜根、甘薯块根、玉米根、石斛或吊兰、菟丝子、桑寄生、常春藤或凌霄、浮萍、大豆或花生根、马尾松根表皮、葡萄及兰科植物等不同类型植物的根等新鲜标本(或制作好的样本或图片)和当地种植农作物、蔬菜、果树、花卉等地块(观察植物的根及其生长情况)。

## 二、项目设计与实施

### (一)项目任务设计

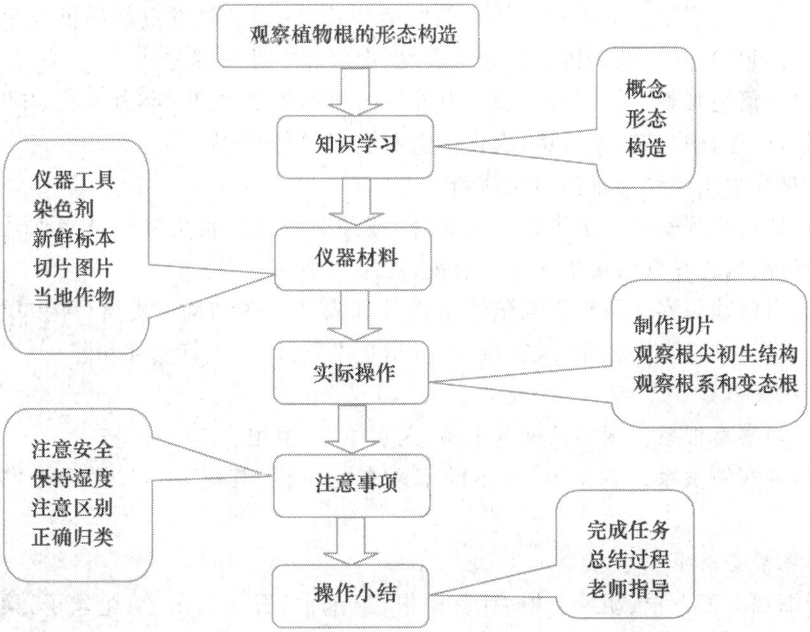


### (二)项目任务实施

1. 制作根徒手切片

(1)将植物根切成宽 0.5 mm、厚 0.5 mm、长 1～2 cm 的长方条。

(2)取上述一个长方条,用左手拇指食指和中指夹住材料,使材料露出手指1～2 mm,并以无名指顶住材料。用右手拿着刀片的一端。

(3)把材料上端和刀刃先蘸些水,并使材料成直立方向,刀片成水平方向,自外向内把材料上端切去少许,使切口成光滑的断面,并在切口蘸水,接着按同法把材料切成极薄的薄片(越薄越好)。

2.观察根尖及其分区

(1)培养材料。训练前5~7 d将玉米粒浸水吸胀,置于垫有潮湿滤纸的培养皿内并加盖。同时要放在恒温箱中,待幼根长到2~3 cm时即可作为观察材料。

(2)观察根尖外部形态。选择生长良好而直的玉米幼根,用刀片截取端部1 cm,放在载玻片上(片下垫一黑纸)用放大镜观察它的外形和分区。

(3)观察根尖内部结构。再取玉米根尖纵切片,在显微镜下观察,由根尖处向上分:根冠、分生区、伸长区和成熟区。

3.观察双子叶植物根的初生结构

(1)低倍镜观察。取蚕豆根的根毛区横切片(或用新鲜蚕豆幼根做徒手切片,制成临时切片),先在低倍镜下区分出表皮、皮层和中柱三部分。

(2)高倍镜观察。转至高倍镜下由外到内观察各结构:皮层(外皮层、中皮层和内皮层);中柱(中柱鞘、维管束,内含初生木质部、初生韧皮部)。

4.观察单子叶植物根的初生结构

(1)低倍镜观察。取玉米根尖纵切片(或用新鲜玉米根尖制作徒手切片,加一滴番红溶液),先在低倍镜下区分出表皮、皮层和中柱三部分。

(2)高倍镜观察。再转至高倍镜下由外到内观察各结构。皮层(外皮层、中皮层和内皮层);中柱(中柱鞘、维管束,内含初生木质部、初生韧皮部和髓)。

5.观察根系

(1)观察直根系。观察桔梗的根系,区别主根、侧根。

(2)观察须根系。观察葱、麦冬的根系有无主根,其根系是怎样形成的,有何特点。

6.观察变态根

仔细观察萝卜根、胡萝卜根、甘薯块根、玉米根、石斛或吊兰、菟丝子、桑寄生、常春藤或凌霄、浮萍等样本,区分出肉质直根、块根、支持根、攀缘根、呼吸根、寄生根。

**(三)注意事项**

(1)切时要用臂力,不要用腕力及指力,刀片切割方向由左前方向右后方拉切;拉切的速度宜较快,不要中途停顿。注意安全,避免刀片误伤手指。

(2)切片如需染色,可把薄片放入盛有染色液的表面皿内,染色约1 min,轻轻取出放入另一盛清水的表面皿内漂洗,之后,即可装片观察。也可以在载玻片上直接染色,即先把薄片放在载玻片上,滴一滴染色液。约1 min后,倾去染色液,滴几滴清水清洗后，再滴一滴清水，盖上盖玻片，便可镜检。

(3)培养皿要维持一定湿度，玉米粒不可被水淹没，以免影响呼吸而腐烂。恒温箱温度以 20～25℃为宜。

(4)大多数双子叶植物根中没有髓，多数单子叶植物根中有髓，由薄壁细胞组成。

### (四)任务小结

1.训练结束后，每人完成以下问题，组内对每个组员做出评价。

(1)植物根尖分几区？各区细胞结构有什么特点？并绘制根尖分区轮廓图。

(2)比较单子叶植物和双子叶植物根的结构，有何异同？

(3)植物的直根系和须根系有什么区别？举例说明。

(4)结合当地种植植物的类型，列举各种根的变态。

2.每组选一个代表在全班发言，总结训练过程得失。教师参与讨论过程并指导，对各组进行评价。

## 子任务二　观察植物茎的形态、结构

### 一、学习准备

### (一)知识准备

1.植物的茎

植物的茎是联系根、叶，输送水、无机盐和有机养料的主要结构，除少数生于地下外，一般都生长在地上。

2.茎的形态

一般种子植物的茎多数呈圆柱形，也有为三棱形(如莎草)、方柱形(如蚕豆)、扁平形(如仙人掌)。

茎上着生叶的部位称为节，相邻两节之间的部分称为节间，叶片与枝条之间的夹角称为叶腋。多年生落叶乔木和灌木，当叶脱落时，在枝条上留下的疤痕称为叶痕；叶痕中的小突起是叶柄和茎间维管束断离后的痕迹，称为叶迹。如图 2-24C 所示。

着生叶和芽的茎称为枝或枝条。在木本植物中，节间显著伸长的枝条称为

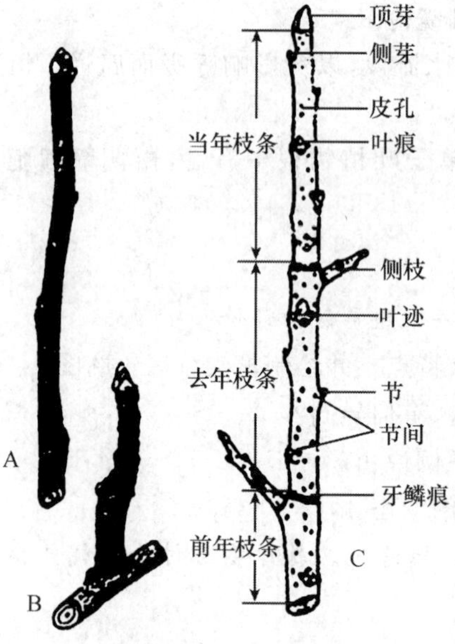

**图 2-24　枝条的形态**

A. 长枝　B. 短枝　C. 芽

长枝；节间短缩，各个节间紧密相连，甚至难以分辨节间的枝条称为短枝。如图2-24A、B所示。一般果树上的长枝是营养生长的枝条；短枝是开花结实的枝条，又称花枝或果枝。

3. 芽

芽是未发育的枝或花和花序的原始体。

根据芽在茎、枝条上着生的位置，可将芽分为定芽与不定芽。定芽又分为顶芽和腋芽。如图 2-24C 所示。顶芽是生在主干或侧枝顶端的芽；侧芽是生在枝条叶腋内的芽，也称腋芽。着生位置不在枝顶或叶腋内的芽称为不定芽，如甘薯、刺槐等生在根上的芽。生产上常利用不定芽进行营养繁殖。

包在芽的外面，起保护作用的鳞片状变态叶，称为芽鳞。按芽鳞有无可分为鳞芽和裸芽。芽外面有鳞片包被的称为鳞芽，也称被芽；外面没有鳞片包被的芽称为裸芽。春季顶芽萌发时，芽鳞脱落留下的痕迹成为芽鳞痕，常环绕于茎，一般顶芽的芽鳞痕比较易辨别，因此，根据芽鳞痕可以辨别枝条的年龄和当年生长长度。

按芽所形成的器官可分为枝芽、花芽和混合芽。以后发展为枝或叶的芽称为枝芽，也称叶芽；发展为花或花序的芽称为花芽；一个芽含有枝芽和花芽组成部分的称为混合芽。

4. 茎的生长方式

茎的生长方式有四种，如图 2-25 所示：直立茎（如红杉等）、缠绕茎（如菜豆、忍冬）、攀缘茎（如丝瓜、黄瓜、爬山虎、旱金莲等）和匍匐茎（如甘薯、草莓等）。

5. 分枝与分蘖

分枝是植物生长时普遍存在的现象，主干的伸长、侧枝的形成，是顶芽和腋芽分别发育的结果。侧枝和主干一样，还可继续产生侧枝，并且有一定的规律性。种子植物的分枝方式，一般有单轴分枝（也称总状分枝，如杨树、水杉、桧柏、松树）、合轴分枝（如马铃薯、番茄、桃树、苹果）和假二叉分枝（如丁香、茉莉、接骨木、石竹）三种类型，如图 2-26 所示。

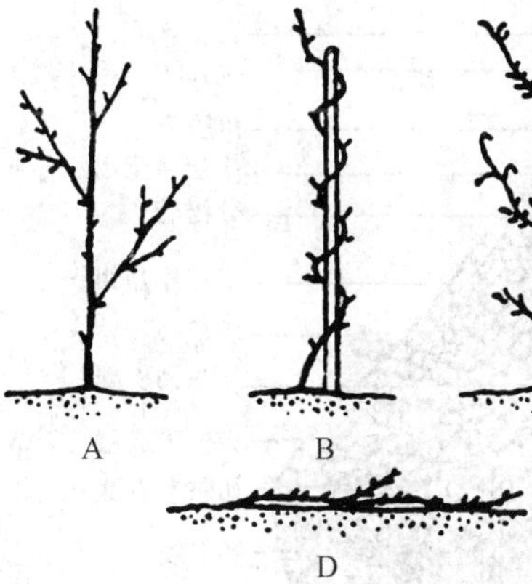


图 2-25 茎的生长方式

A. 直立茎 B. 缠绕茎 C. 攀缘茎 D. 匍匐茎

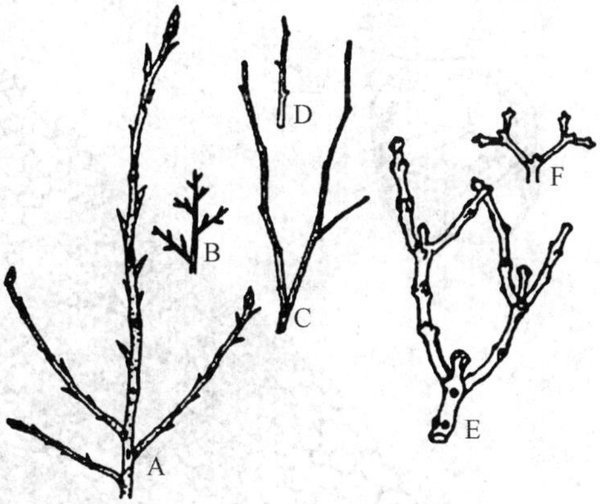


图 2-26 分枝类型

A、B. 单轴分枝 C、D. 合轴分枝 E、F. 假二叉分枝

分蘖是指植株的分枝，主要集中于主茎的基部。其特点是主茎基部的节较密集，节上生出许多不定根，分枝的长短和粗细相近，呈丛生状态。典型的分蘖常见于禾本科作物，如水稻、小麦等的分枝方式，如图 2-27 所示。

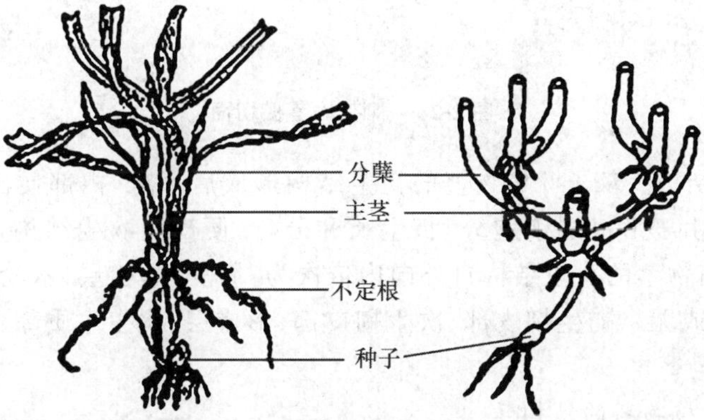


图 2-27 小麦分蘖示意图

6. 双子叶植物茎的结构

有初生结构和次生结构。

(1)初生结构。双子叶植物幼茎的顶端分生组织经细胞分裂、伸长和分化形成的结构，称为初生结构。把幼嫩的茎作一横切，自外向内分为表皮、皮层和中柱(也称维管柱)三部分，如图 2-28 所示。

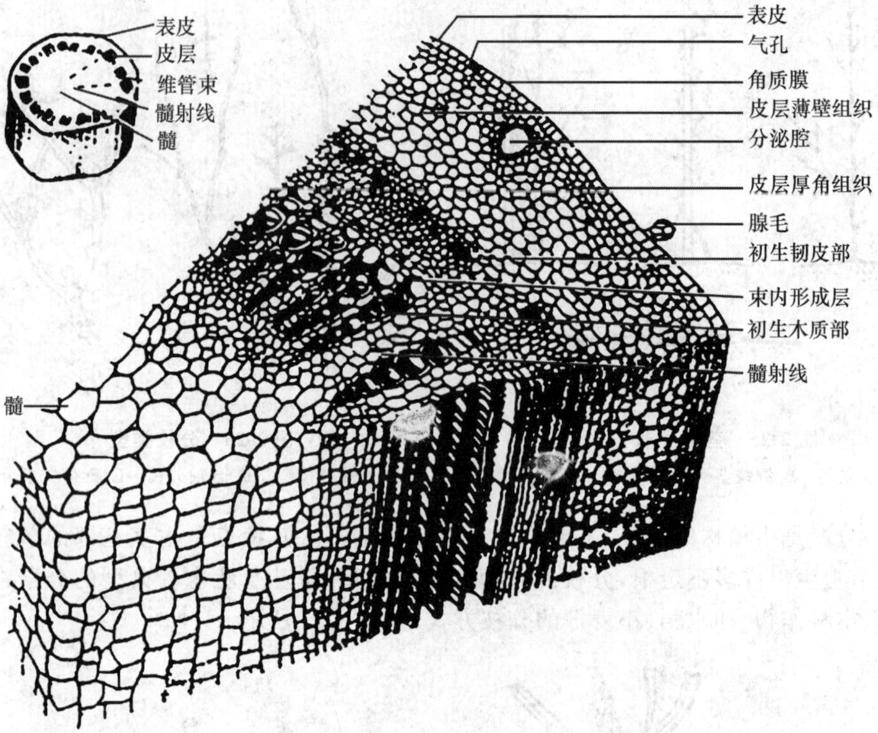


图 2-28　棉花幼茎横切面

(2)次生结构。双子叶植物茎的初生结构形成后不久,内部便出现形成层和木栓形成层,由于形成层细胞分裂、生长和分化,便产生次生结构,如图 2-29 所示。双子叶植物茎的次生结构自外向内依次为:周皮(木栓层、木栓形成层、栓内层)、皮层(有或无)、初生韧皮部、次生韧皮部、形成层、次生木质部、初生木质部、髓等。

7.单子叶植物茎的结构

单子叶植物主要是禾本科植物,如小麦、玉米、水稻等,它们的茎在形态上有明显的节和节间,其内部结构有以下特点:禾本科植物的茎多数没有次生结构;表皮细胞常硅质化,有的还有蜡质覆盖,如甘蔗、高粱等;禾本科植物茎的皮层和中柱之间没有明显的界线,维管束分散排列于茎内,每个维管束由韧皮部和木质部组成,没有形成层,如图 2-30 所示。

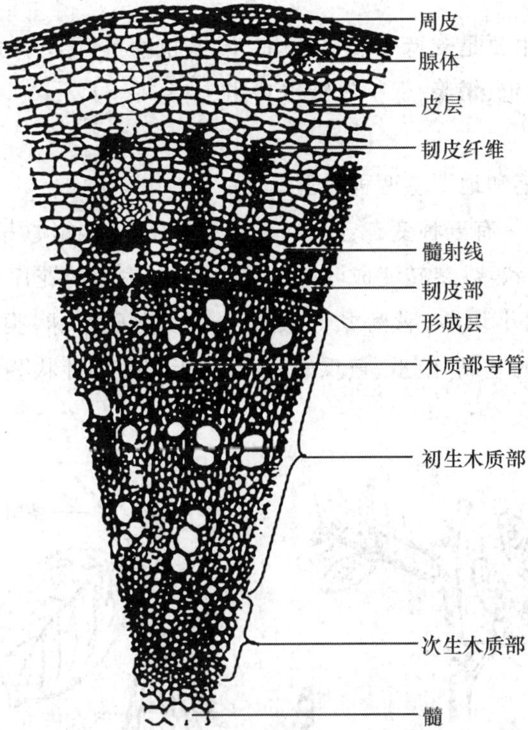


图 2-29　棉花老茎横切面

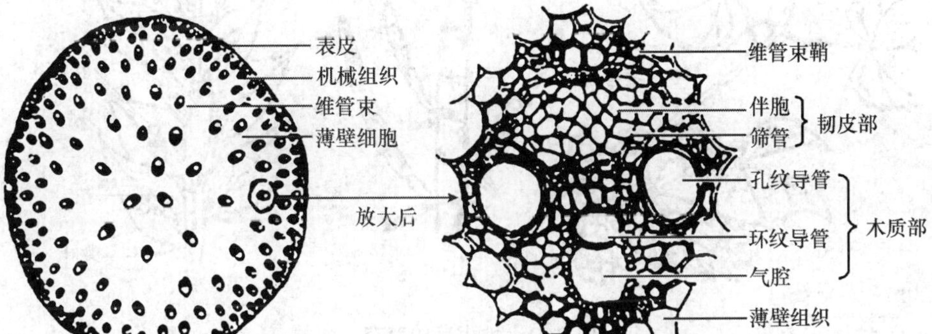


图 2-30　玉米茎横切面

A. 横切面图解　B. 一个维管束的放大

8. 茎的功能

茎的生理功能主要是支持和输导作用。有些植物茎可部分或全部地特化为变态器官,从而具有繁殖、攀缘、保护等特殊功能。

9. 茎的变态

可以分为地上茎和地下茎两种类型。

(1)地上茎变态。有五种变态:茎刺(茎转变为刺)、茎卷须(攀缘植物的茎不能直立,变成卷须)、叶状茎(茎转变成叶片状)、小鳞茎(大蒜的花序内常产生小球体,具肥厚的小鳞片)和小块茎(秋海棠等腋芽常变成肉质小球,类似块茎)等,如图2-31所示。如山楂的茎刺,南瓜、黄瓜的茎卷须,天门冬的叶状茎,大蒜的小鳞茎和秋海棠的小块茎等。

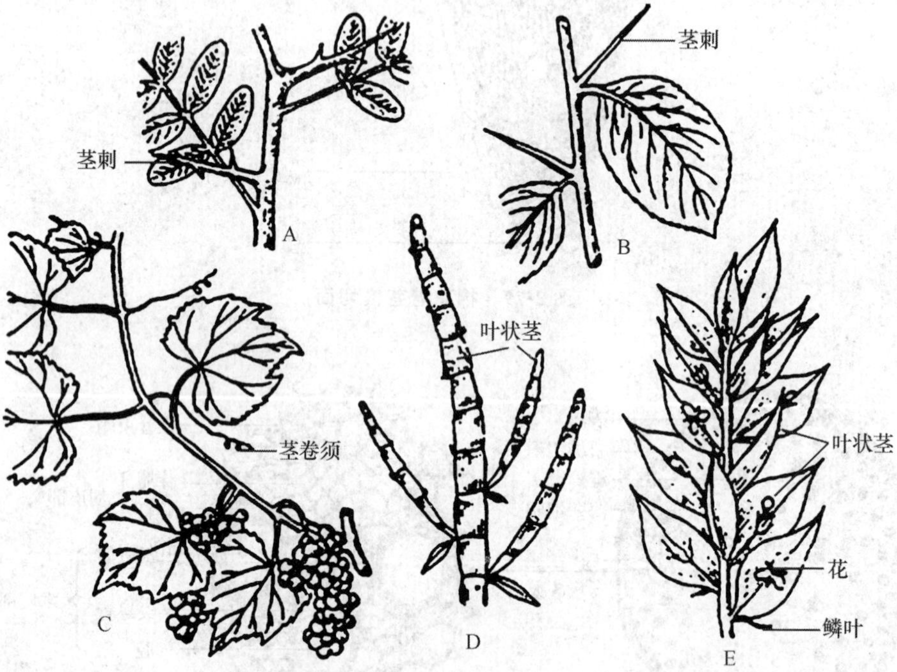


**图 2-31 地上茎的变态**

A. 皂荚的茎刺 B. 山楂的茎刺 C. 葡萄茎卷须

D. 竹节蓼的叶状茎 E. 假叶树的叶状茎

(2)地下茎变态。主要有根状茎(横卧地下,形较长,像根的变态茎)、块茎(根状茎的先端膨大、积累养料所形成的)、鳞茎(由许多肥厚的肉质鳞叶包围的、扁平或圆盘状的地下茎)和球茎(球状的地下茎)等类型,如图2-32所示。如其中根状茎有竹、莲、芦苇等,块茎有马铃薯等,鳞茎有洋葱、百合等,球茎有荸荠、芋等。

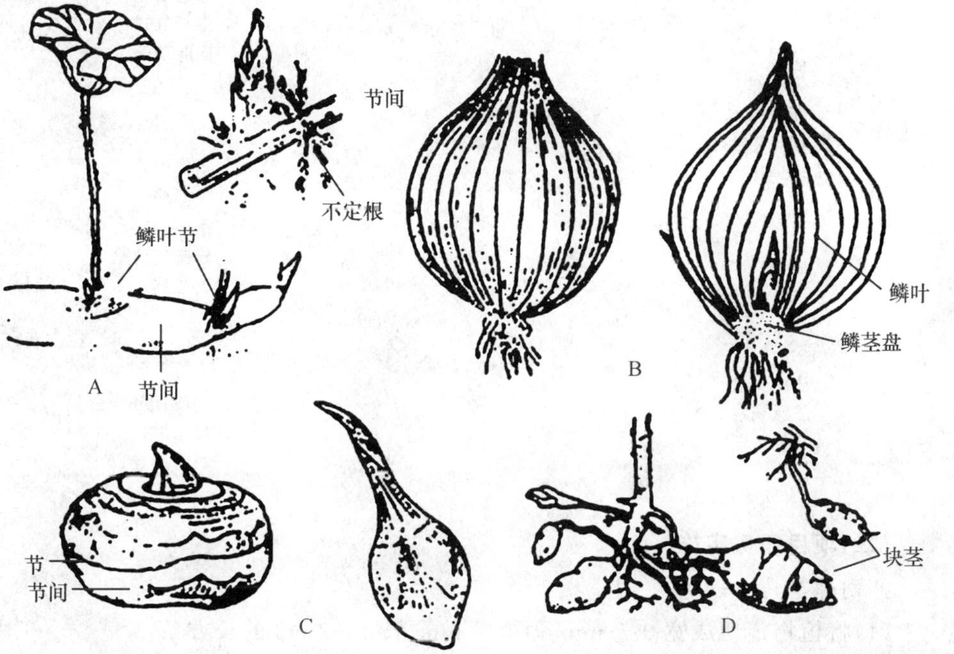


**图2-32　地下茎的变态**

A. 根状茎　B. 鳞茎　C. 球茎　D. 块茎

**(二)仪器和材料准备**

放大镜、显微镜、载玻片、盖玻片、刀片、镊子、所需的染色试剂;各种用来观察的苹果、梨、核桃、杨树或金钱松三年生枝条,悬铃木或刺槐芽、甘薯或蒲公英的根芽、榆树的枝芽、苹果或梨的芽、向日葵茎、黄瓜或葡萄茎、常青藤茎、猪殃殃茎、爬山虎茎、草莓或甘薯茎、山楂茎、天门冬茎、大蒜鳞茎、竹或芦苇、马铃薯、洋葱、荸荠等新鲜标本(或制作好的样本或图片)和当地种植农作物、蔬菜、果树、花卉等地块(观察植物的茎及其生长情况)。

## 二、项目设计与实施

### (一)项目任务设计

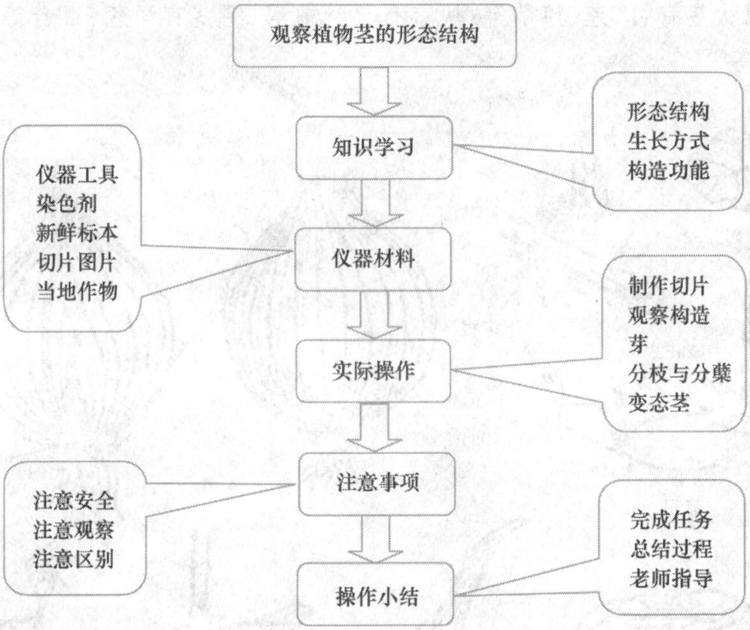


### (二)项目任务实施

1.制作茎徒手切片

(1)将植物茎切成宽 0.5 mm、厚 0.5 mm、长 1～2 cm 的长方条。

(2)其余步骤同根的徒手切片。

2.观察茎的基本形态

取三年生木本植物(苹果、梨、核桃、杨树或金钱松)的枝条,观察其形态特征。区别节与节间、顶芽与侧芽、叶痕与叶迹、皮孔等。

3.观察芽、分枝、分蘖

(1)芽的观察。观察悬铃木或刺槐芽、甘薯或蒲公英的根芽,明确定芽与不定芽类型。观察悬铃木芽和黄瓜或棉花的芽,明确鳞芽和裸芽类型。观察榆树的枝芽、苹果或梨的芽、芽鳞痕,明确枝芽、花芽和混合芽的类型。

(2)观察分枝和分蘖。现场观察松树或杨树、番茄或桃树、石竹或丁香等,了解其分枝的方式。取进入分蘖期的小麦植株,观察其分蘖情况。

4.观察茎的生长习性

观察向日葵茎、黄瓜或葡萄茎、常青藤茎、猪殃殃茎、爬山虎茎、草莓或甘薯茎等，了解直立茎、缠绕茎、攀缘茎和匍匐茎等的生长习性。

5. 观察双子叶植物茎的初生结构

取向日葵（或棉花）幼茎作一横切片（或制片）置于显微镜下，观察幼茎的初生结构，可见下列各部分：表皮、皮层和中柱（维管束、髓和髓射线）三部分。

6. 观察单子叶植物茎初生结构

（1）观察实心茎。取玉米茎作一横切面（或制片）置于显微镜下观察：表皮、组织（厚角组织和薄壁组织）、维管束三部分。

（2）观察空心茎。取小麦幼茎的横切片置于显微镜下观察，注意与玉米茎结构进行比较。

7. 观察变态茎

观察山楂茎、天门冬茎、大蒜鳞茎、竹或芦苇、马铃薯、洋葱、荸荠等植物，能说明茎的各种变态：茎刺、茎卷须、叶状茎、鳞茎、根状茎、块茎、球茎等。

**（三）注意问题**

（1）同根的徒手切片。

（2）观察茎的生长习性时注意观察攀缘茎的卷须、气生根、叶柄、钩刺、吸盘等。

（3）茎的变态有地上茎变态和地下茎变态，要正确区分。

**（四）任务小结**

1. 训练结束后，每人完成以下问题，组内对每个组员做出评价。

（1）能正确区分茎的基本形态中各部位名称。

（2）绘制单、双子叶植物茎初生结构轮廓图。

（3）能正确区分芽、分枝与分蘖的类型和性质。

2. 每组选一个代表在全班发言，总结训练过程得失。教师参与讨论过程并指导，对各组进行评价。

## 子任务三 观察植物叶的形态、结构

### 一、学习准备

**（一）知识准备**

1. 植物的叶

植物的叶是植物制造有机养料的重要器官，也是进行光合作用的主要场所。

2. 叶的组成

植物的叶一般由叶片、叶柄和托叶三部分组成，如图 2-33 所示。具有叶片、叶柄和托叶三部分的叶为完全叶，如梨、桃等植物的叶；有些叶只有一个或两个部分，称为不完全叶，如茶、白菜等植物的叶。

禾本科植物的叶是单叶，由叶片和叶鞘组成。叶片扁平狭长，呈线形或狭带形，具有纵向的平行脉序，并有叶舌和叶耳，如图 2-34 所示。叶片和叶鞘相接处的腹面内方有一膜质向上突出的片状结构，称为叶舌；叶舌两侧的片状、爪状或毛状伸出的突出物，称为叶耳。

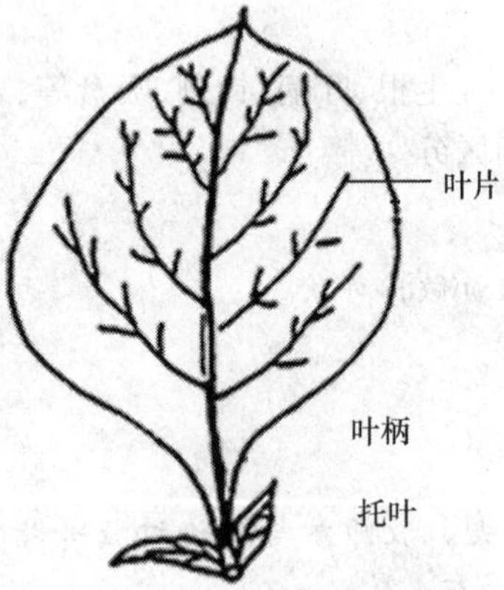


图 2-33　完全叶

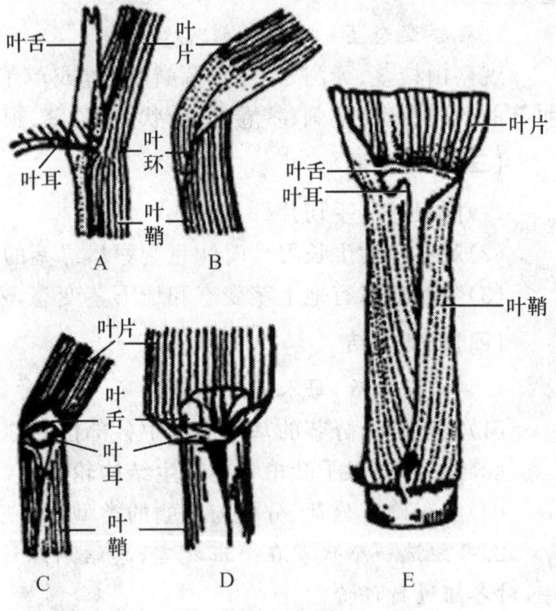


图 2-34　禾本科植物的叶

3. 叶的形态

叶片的形状多种多样，大小不同，形状各异。

(1)叶的类型。叶有单叶和复叶之分。若一个叶柄上只生一片叶的称为单叶，生有两片以上叶的称为复叶。复叶根据小叶排列方式可分为四种类型：羽状复叶（如月季、槐树）、三出复叶（如橡胶树、苜蓿）、掌状复叶（如七叶树）和单身复叶（如橙），如图 2-35 所示。

(2)叶形。常见叶的形状有针形（如松树）、线形（如水稻、韭菜）、披针形（如柳树、桃树）、椭圆形（如樟树）、卵形（如向日葵）、菱形（如菱）、心形（如紫荆）、肾形（如冬葵）等。

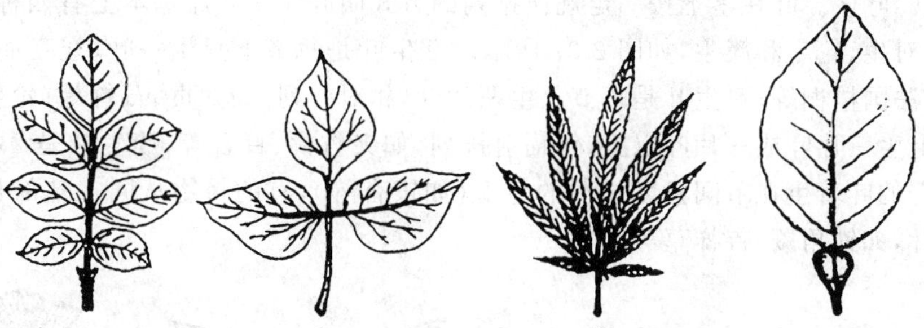


**图 2-35 复叶类型**

A. 羽状复叶 B. 三出复叶 C. 掌状复叶 D. 单身复叶

(3)叶尖。叶尖主要有渐尖(如菩提树)、急尖(如荞麦)、钝形(如厚朴)、截形(如鹅掌楸)、具短尖(如树锦鸡儿)、具骤尖(如吴茱萸)、微缺(如苜蓿)、倒心形(如酢浆草)。

(4)叶缘。即叶的边缘形状,主要有全缘(如女贞、玉兰)、波状(如胡颓子)、皱缩状(如羽衣甘蓝)、齿状(如猕猴桃)、缺刻(如蒲公英、梧桐、铁树)。

(5)脉序。叶脉的分布规律称为脉序。脉序主要有网状脉、平行脉和叉状脉三种类型,如图 2-36 所示。平行脉各叶脉平行排列,其中各脉由基部平行直达叶尖,如水稻、小麦等单子叶植物;网状脉具有明显的主脉,并向两侧发出许多侧脉,侧脉又分出许多侧脉,组成网状,如桃、棉花等;叉状脉是各脉作二叉分枝,如银杏等。

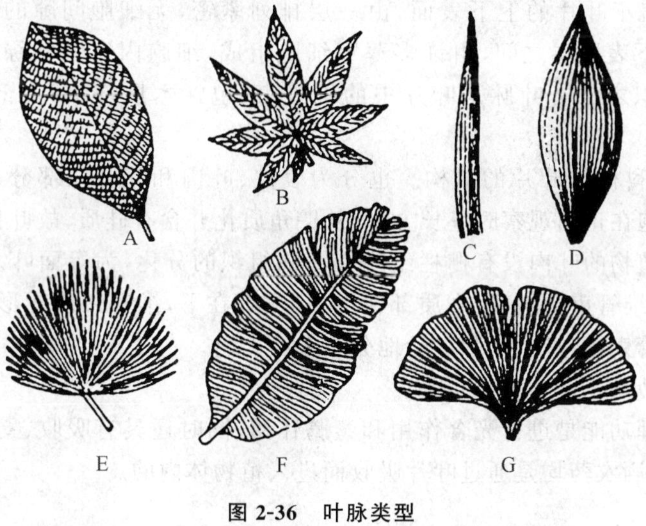


**图 2-36 叶脉类型**

A. 羽状网脉 B. 掌状网脉 C~F. 平行脉 G. 叉状脉

(6)叶序。叶在茎上按一定规律排列的方式叫叶序。叶序基本上有四种类型：互生、对生、轮生和簇生，如图 2-37 所示。互生叶是每节上只生一叶，交互而生，如白杨、法国梧桐等；对生叶是每节上生两片叶，相对排列，如女贞、石竹等；轮生叶是每节上生三片叶或三片叶以上，作辐射排列，如夹竹桃、百合等；簇生叶是 2 片或 2 片以上的叶着生在节间极度缩短的茎上（如银杏等），有的植物从同一基部长出多片单叶，如铁角蕨、吉祥草等。

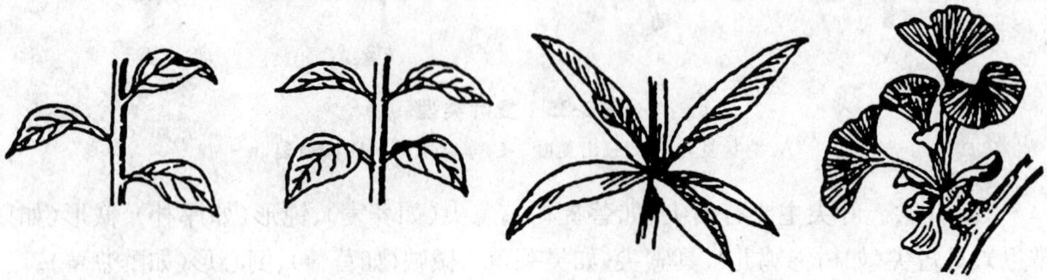


**图 2-37 叶序类型**

A. 互生 B. 对生 C. 轮生 D. 簇生

4. 叶的结构

双子叶植物和单子叶植物叶的结构有所不同。

(1)双子叶植物叶片的结构。由表皮、叶肉和叶脉三部分组成，如图 2-38 所示。表皮覆盖于叶片的上下表面，由一层排列紧密，无细胞间隙的活细胞组成。叶肉位于上下表皮层之间，由许多薄壁细胞组成，细胞内富含叶绿体，有栅栏组织和海绵组织之分。叶脉是叶片中的维管束，包括木质部、韧皮部和形成层三部分。

(2)禾本科植物叶片的结构。也分为表皮、叶肉和叶脉三部分，如图 2-39 所示。表皮细胞在正面观察时呈长方形，外壁角质化并含有硅质，故叶比较坚硬而直立。禾本科植物的叶肉没有栅栏组织和海绵组织的分化，为等面叶。叶脉由木质部、韧皮部和维管束鞘组成，木质部在上，韧皮部在下，维管束内无形成层，在维管束外面有维管束鞘包围，叶脉平行地分布在叶肉内。

5. 叶的功能

主要生理功能是进行光合作用和蒸腾作用，同时还具有吸收、繁殖等功能，如叶面施肥、喷洒农药均是通过叶片吸收而进入植物体内的。

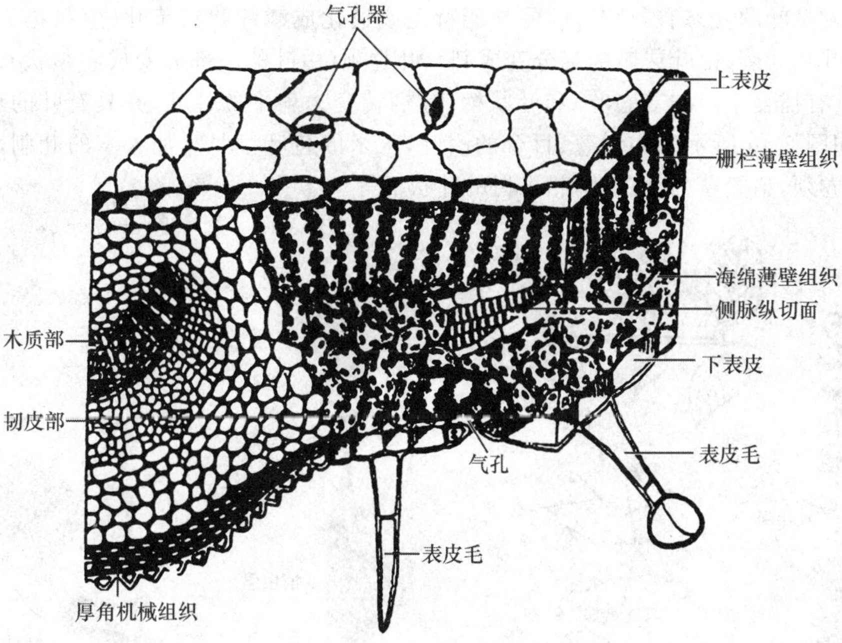


图 2-38　棉叶叶尖中脉横切面

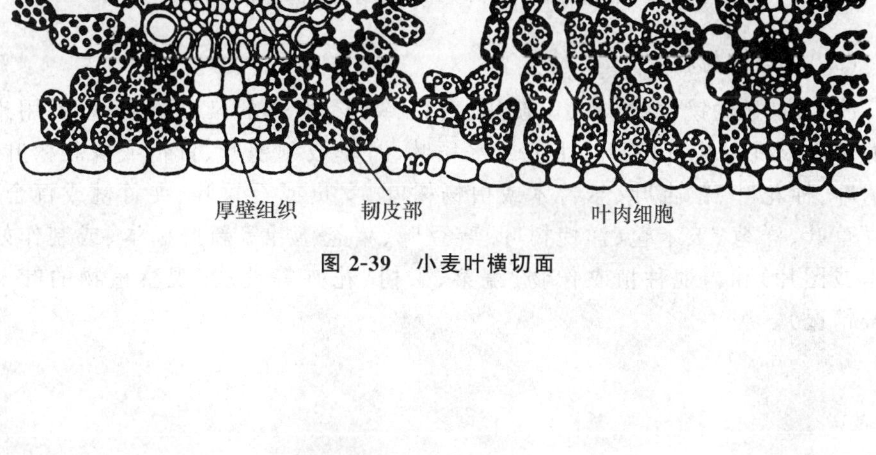


图 2-39　小麦叶横切面

6. 叶的变态

常见叶的变态有：鳞叶（叶的功能特化或退化成鳞片状）、苞叶（生在花下面的变态叶）、叶刺（由叶或叶的部分变成刺）、叶卷须（由叶的一部分变成卷须状）、捕虫叶（具有捕食小虫的变态叶）和叶状柄（叶柄转变为扁平的片状，并具有叶的功能）等，如图 2-40 所示。如洋葱、百合的鳞叶，玉米的苞叶，刺槐、仙人掌的叶刺，豌豆的叶卷须，猪笼草的捕虫叶，相思树的叶状柄等。

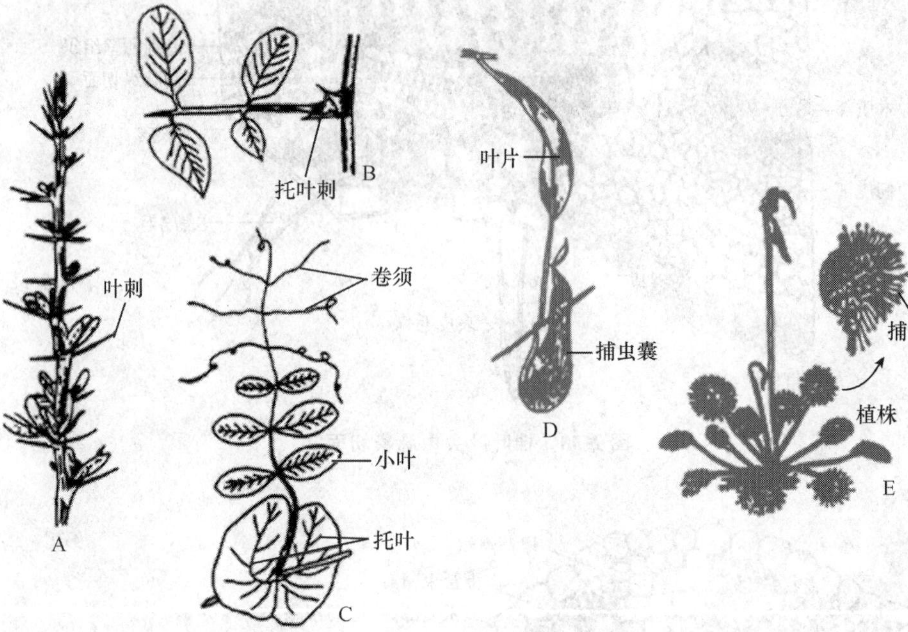


**图 2-40 叶的变态**

A. 小檗的叶刺 B. 洋槐的托叶刺 C. 豌豆的叶卷须
D. 猪笼草的捕虫囊（叶柄的变态） E. 牙膏菜的植株及捕虫叶

## (二)仪器和材料准备

放大镜、显微镜、载玻片、盖玻片、刀片、镊子、所需的染色试剂；各种用来观察的梨树或桃树叶、白菜叶、小麦或水稻叶、月季或刺槐叶、苜蓿或橡胶树叶、七叶树叶、棉花叶、银杏叶、悬铃木或白杨树叶、女贞或石竹叶、夹竹桃或百合叶、吉祥草叶、洋葱、玉米苞、洋槐树叶、豌豆叶、猪笼草叶等新鲜标本（或制作好的样本或图片）和当地种植农作物、蔬菜、果树、花卉等地块（观察植物的叶及其生长情况）。

## 二、项目设计与实施

### (一)项目任务设计

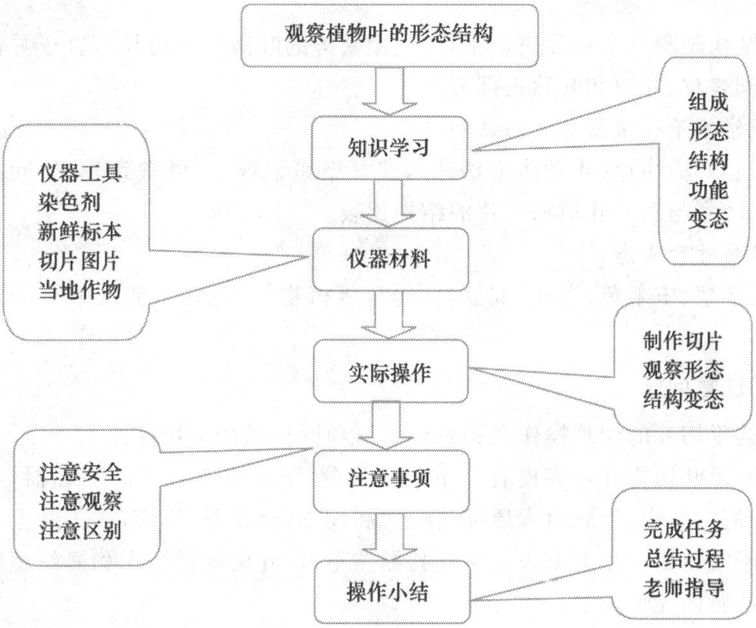


### (二)项目任务实施

1. 制作叶徒手切片

(1)将植物叶切成宽 0.5 mm 的窄条,夹在胡萝卜(或萝卜或马铃薯)等长方条的切口内。

(2)其余操作同根的徒手切片。

2. 观察叶的形态

(1)观察叶的基本形态。观察梨树或桃树的叶、白菜的叶、小麦或水稻的叶,鉴别叶柄、托叶和叶片,叶鞘、叶舌、叶耳等部位,并知道哪些是完全叶和不完全叶。

(2)观察复叶。观察月季或刺槐、苜蓿或橡胶树、七叶树等植物的叶,区别各种复叶的类型特点。

(3)观察叶脉。观察桃树或棉花、水稻或小麦、银杏等植物的叶脉,区分网状脉、平行脉和叉状脉的区别。

(4)观察叶序。观察悬铃木或白杨树、女贞或石竹、夹竹桃或百合、吉祥草等植物的叶序,明确互生、对生、轮生和簇生等不同叶序的区别。

3.观察双子叶植物叶片的结构

(1)制作切片。取棉花或其他双子叶植物叶片，切取近叶尖部位(包括主脉在内)长 5～6 cm、宽 1.5 cm 的一小块，夹在支持物(如萝卜、胡萝卜根、马铃薯块茎)中切片。

(2)结构观察。水稻叶横切制片(或用新鲜的叶做徒手切片)，置于显微镜下观察，可看到表皮、叶肉和叶脉三部分。

4.观察单子叶植物叶片的结构

用水稻叶横切片(或做徒手切片)，在显微镜下观察，可看到表皮、叶肉和叶脉三部分。注意与双子叶植物叶片的结构比较。

5.观察叶的变态

观察洋葱、玉米苞、洋槐、豌豆、猪笼草等植物的变态叶，能区分不同的变态叶类型。

**(三)注意问题**

(1)徒手切片的切片操作及染色注意事项同根的徒手切片。

(2)双子叶植物叶片表皮有上下表皮之分，下表皮有较多的气孔器；叶肉分栅栏组织和海绵组织；叶脉由木质部(在上)和韧皮部(在下)组成，在主脉上可看到形成层；单子叶植物叶片上下表皮中气孔器差不多，叶肉栅栏组织和海绵组织分化不明显，主叶脉内无形成层。

**(四)任务小结**

1.训练结束后，每人完成以下问题，组内对每个组员做出评价。

(1)双子叶植物和单子叶植物叶的结构有什么区别？

(2)单叶和复叶有什么区别？复叶有哪些类型？

(3)举例说明当地种植植物的叶脉和叶序名称。

(4)举例说明当地种植植物叶的变态有哪些？

2.每组选一个代表在全班发言，总结训练过程得失。教师参与讨论过程并指导，对各组进行评价。

# 任务四　认知植物的生殖器官

被子植物在经过一定时期的营养生长后，在植株的一定部位形成花芽，转入生殖生长，经过开花、传粉、受精，形成果实和种子。花、果实和种子与植物的有性生殖有关，被称为生殖器官。

## 子任务一　观察植物花的形态、结构

### 一、学习准备

#### (一)知识准备

1. 植物的花

植物的花是被子植物所特有的有性生殖器官，由花芽发育而成，是形成雌性生殖细胞和雄性生殖细胞，并进行有性生殖的场所。

2. 花的组成

花由花芽发育而成。一朵典型的花由花梗(或花柄)、花托、花萼、花冠、雄蕊、雌蕊组成，其中花萼、花冠、雄蕊、雌蕊由外至内依次着生于花柄顶端膨大的花托上，如图 2-41 所示。通常把具有花萼、花冠、雄蕊和雌蕊的花称为完全花。缺少其中任何一部分或几部分，则称为不完全花。

3. 禾本科植物的花

与一般花的形态不同。禾本科植物无花萼和花冠，而是变为浆片。花由 2 枚浆片、3 或 6 枚雄蕊和 1 枚雌蕊组成；花及其外围的内稃和外稃组成小花；1 至多朵小花、2 枚颖片和它们着生的小穗轴组成小穗。禾本科植物即以小穗为单位组成各种花序，如图 2-42 所示。

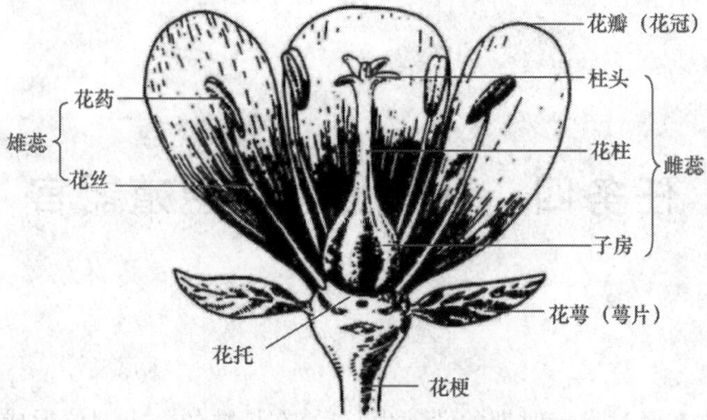


图 2-41 花的组成

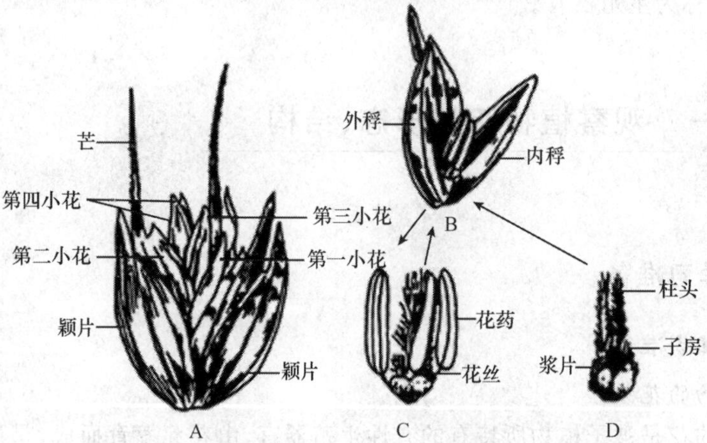


图 2-42 小麦小穗的组成

A. 小穗 B. 小花 C. 雄蕊 D. 雌蕊和浆片

4. 花序

花在花轴上排列的次序称为花序。根据花轴分枝形式和开花顺序，可将花序分为无限花序和有限花序。

(1)无限花序。又称总状类花序或向心花序。其花轴为单轴分枝，能继续生长和向外扩大；开花顺序是花轴基部的花先开，渐及上部，若花轴很短，则由边缘向中央依次开花。

无限花序的类型有总状花序（如白菜、萝卜的花序）、伞房花序（如梨、苹果的花序）、伞形花序（如葱、樱桃的花序）、穗状花序（如车前、马鞭草花序）、葇荑花序（如杨、柳的花序）、头状花序（如向日葵、三叶草的花序）、隐头花序（如无花果、榕树的花序等)和圆锥花序(玉米雄花、水稻的花序),如图 2-43 所示。

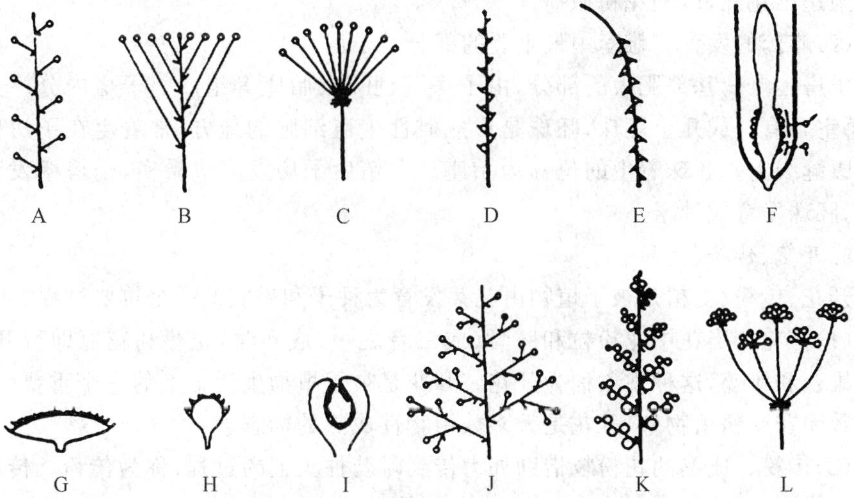


**图 2-43 无限花序**

A. 总状花序 B. 伞房花序 C. 伞形花序 D. 穗状花序 E. 葇荑花序 F. 肉穗花序 G、H. 头状花序 I. 隐头花序 J. 圆锥花序 K. 复穗状花序 L. 复伞形花序

(2)有限花序。又称聚伞类花序或离心花序。其花轴为合轴分枝,凭侧枝向上生长;开花顺序与无限花序相反,是顶端或中心的花先开,然后由上向下或由内向外逐渐开放。其类型有单歧聚伞花序(如萱草、附地菜)、二歧聚伞花序(如石竹、卷耳)和多歧聚伞花序(如泽漆、藜),如图 2-44 所示。

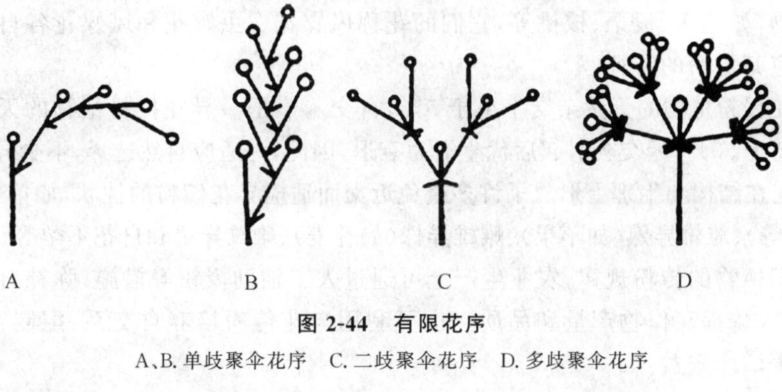


**图 2-44 有限花序**

A、B. 单歧聚伞花序 C. 二歧聚伞花序 D. 多歧聚伞花序

5. 花的发育

包括雄蕊的发育和雌蕊的发育。

(1)雄蕊的发育。花芽分化过程中,雄蕊原基形成后不断生长分化,使其顶端

膨大发育为花药，基部伸长形成花丝。开花时，花丝以居间生长的方式迅速伸长，将花药送出花外，以利花粉撒播。

（2）雌蕊的发育。雌蕊中最重要的部分是子房。

子房是雌蕊基部肥大的部分，由子房壁、胚珠、胎座等组成。子房内分一至数室，每室含有一或几个胚珠，胚珠是形成雌性生殖细胞的地方，常着生在子房壁的心皮腹缝线上。胚珠着生的位称为胎座。受精后子房发育成果实，子房壁发育成果皮，胚珠发育成种子。

6. 开花、传粉、受精

开花、传粉、受精是被子植物由花芽发育为种子和果实的一个重要过程。

（1）开花。当花中花粉粒和胚囊（或二者之一）成熟时，花萼和花冠即行开放，露出雄蕊和雌蕊，这种现象称为开花。开花是被子植物生活史上的一个重要阶段，除少数闭花受精植物外，开花是大多数植物性成熟的标志。

（2）传粉。成熟的花粉粒借助外力传到雌蕊柱头上的过程，称为传粉。传粉的方式有以下两种。

①自花传粉。自花传粉是指成熟的花粉粒传到同一朵花的雌蕊柱头上的过程。在生产中，农作物的同株异花间的传粉和果树栽培上同品种异株间的传粉，也称为自花传粉。

②异花传粉。异花传粉是指不同朵花之间的传粉。在异花传粉的过程中，花粉一定要借助外力（生物或非生物）为媒介才能完成。玉米、瓜类、油菜、梨、苹果等都是异花传粉植物。异花传粉的媒介最主要是昆虫和风。靠昆虫传粉的植物叫虫媒花植物，如油菜、向日葵、柑橘、瓜类等，它们的花称虫媒花；靠风传粉的植物叫风媒花植物，如玉米、板栗、核桃等，它们的花称风媒花。虫媒花和风媒花各自具有明显地适应其传粉的特征。

自花授粉植物的天然杂交率小于5%，自交不衰退。异花授粉植物的天然杂交率一般高于50%，近交会引起后代生活力衰退，因此，为适应自然选择，不少异花授粉植物的花在结构和生理上形成了许多避免近交而适应异花传粉的性状，如单性花（瓜类、菠菜等）、雌雄异熟（如苹果）、雌雄异株（如荞麦）、雌雄异位和自花不孕等。

根据植物的传粉规律，农业生产上可通过人工辅助授粉等措施，弥补自然授粉的不足，大幅提高作物产量和品质。也可利用自花传粉培养自交系，配制杂交种，具有显著增产效益。

（3）受精。雌雄配子（即卵和精子）相互融合形成合子的过程称为受精。被子植物的卵细胞位于子房内胚珠的胚囊中，而精子位于花粉粒中，因此，精子必须依靠花粉粒在柱头上萌发形成花粉管向下传送，经过花柱进入胚囊后，受精作用才有可能进行。

到达胚囊中的花粉管，顶端膨大破裂，管内的精子和内含物散出。其中一个精子和卵细胞结合形成合子，以后发育成胚；另一个精子和中央细胞结合，以后发育成胚乳。这种受精现象称为双受精。双受精是被子植物有性生殖所特有的现象。

(4)无融合生殖及多胚现象。正常情况下，种子的胚是经过卵细胞和精子结合后形成的，但在有些植物里，不经过精卵融合也能形成胚，这种现象称无融合生殖。无融合生殖可以是卵细胞不经过受精直接发育成胚，如蒲公英等；或是由助细胞、反足细胞等发育成胚，如葱、含羞草、鸢尾等；还有的是由珠心或珠被细胞直接发育成胚，如柑橘类等。

### (二)仪器和材料准备

放大镜、显微镜、载玻片、盖玻片、刀片、镊子；各种用来观察的桃、槐、木兰、油菜、木槿、向日葵、益母草等植物的花，各种类型花序的新鲜标本或浸泡标本(或制作好的样本或图片)和当地种植农作物、蔬菜、果树、花卉等地块(观察植物的花及其发育情况)。

## 二、项目设计与实施

### (一)项目任务设计

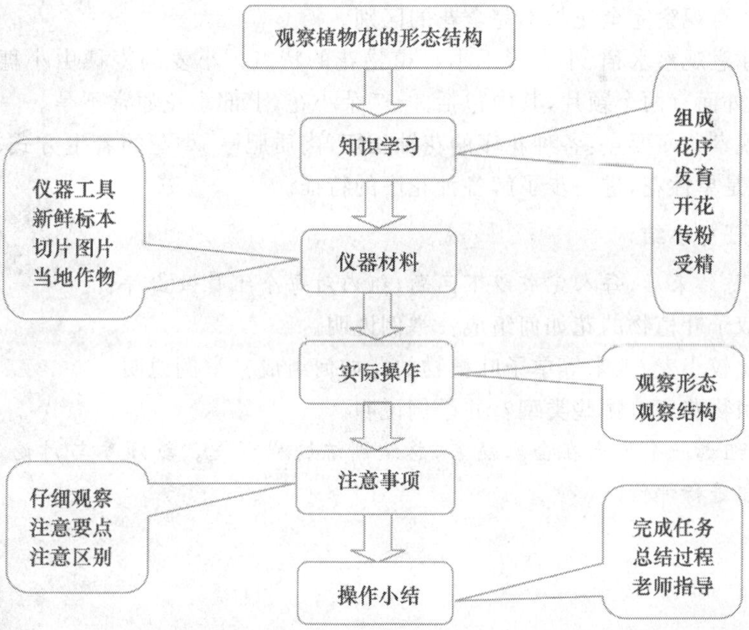

**(二)项目任务实施**

1. 观察花的形态

(1)观察双子叶植物花。利用各种类型花的新鲜标本或浸泡标本,借助放大镜或解剖镜等仪器,由外向内观察花萼、花冠、雄蕊、雌蕊。

(2)观察禾本科植物花。取禾本科植物的新鲜花解剖观察:可以看到外稃、内稃、浆片、雄蕊(3 枚)、花药、雌蕊(1 枚)。

(3)观察花序。利用各种类型花序的新鲜标本或浸泡标本,观察各种花序。

2. 观察花药和子房结构

(1)观察花药结构。取未成熟百合花药横切永久切片(也可用新鲜花药做横切面徒手切片),置于显微镜低倍镜下,可见花药呈蝶形,花药有两对花粉囊,4 个药室。花粉囊之间以药隔相连。成熟花药只见到两室。

(2)观察子房结构。取百合的子房永久切片(也可用新鲜子房做横切面徒手切片),在低倍镜下观察可以看到三个心皮,每一心皮的边缘向中央合拢形成三个子房室,在每个室内有两个倒生胚珠。移动切片,选择一个完整而清晰的胚珠进行观察,可以看到胚珠具有珠被、珠孔、珠柄及珠心等部分,珠心内有胚囊。

**(三)注意问题**

(1)注意观察完全花与不完全花的区别。

(2)注意观察水稻、小麦等禾本科植物花的特点。小麦的麦穗由小穗组成,每一个小穗外面有两个颖片,其中包括 3～7 朵小花,上部小花通常不孕。

(3)观察花序要点:各种花序的花轴长短、肉质肥厚,小花的着生方式、有无柄、两性花还是单性花,进一步了解各种花序的特征。

**(四)任务小结**

1. 训练结束后,每人完成以下问题,组内对每个组员做出评价。

(1)双子叶植物的花如何组成?举例说明。

(2)比较小麦、玉米等单子叶植物的花如何组成?举例说明。

(3)植物花序有哪些类型?并举例说明。

2. 每组选一个代表在全班发言,总结训练过程得失。教师参与讨论过程并指导,对各组进行评价。

# 子任务二　观察植物种子和果实的形态与结构

## 一、学习准备

### (一)知识准备

1.种子

(1)种子的发育。被子植物的花经过传粉、受精之后,胚珠逐渐发育成种子。种子包括胚、胚乳和种皮三部分,它们分别由合子、初生胚乳核和珠被发育而来。

①胚的发育。从合子开始。合子形成后,其表面将产生一层纤维素壁,进入休眠状态。受精后的合子通常要经过一段休眠期才开始发育,如水稻 4～6 h,小麦 16～18 h,棉花 2～3 d,苹果为 5～6 d,茶树长达 5～6 个月。胚的发育早期,胚体呈球形,这时单子叶植物和双子叶植物没有明显区别。胚发育成两片子叶、胚芽、胚轴和胚根,称双子叶植物;胚发育时,生长点偏向胚的一侧,因而形成一片子叶称单子叶植物。

②胚乳的发育。被子植物的胚乳,由初生胚乳核发育而成,一般具有 3 倍染色体。极核受精后,初生胚乳核不经休眠或经短暂休眠,即开始分裂。因此,胚乳的发育早于胚的发育,为幼胚的发育创造条件。

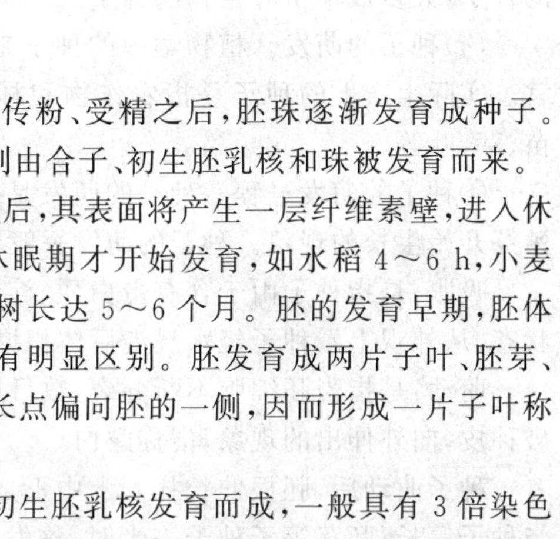


**图 2-45　双子叶植物种子的结构**

A～C. 蓖麻种子　D、E. 大豆种子

③种皮的发育。在胚和胚乳发育的同时,珠被发育成种皮,包在种子外面起保护作用。具有两层珠被的胚珠,常形成两层种皮,外珠被形成外种皮,内珠被形成内种皮。有些植物的种皮外面还有假种皮,它是由珠柄或胎座发育而成的结构。荔枝、龙眼的可食部分就是由珠柄发育而来的假种皮。

(2)种子的结构。种子一般由胚、胚乳(或无)、种皮三部分组成,如图 2-45 所示。胚由胚芽、胚轴、胚根、子叶四部分组成。胚乳主要贮藏营养物质(淀粉、脂肪和蛋白质等),供种子萌发时营养需要。种皮1~2层,包在胚和胚乳的外面,起保护作用。

(3)种子的种类。根据种子成熟时胚乳有无,可将种子分为无胚乳种子和有胚乳种子。

①无胚乳种子。由种皮和胚两部分组成,如双子叶植物中的豆类、瓜类、白菜、萝卜、桃、梨等,单子叶植物的慈姑、泽泻等种子。

②有胚乳种子。由种皮、胚和胚乳三部分组成,如蓖麻、荞麦、茄、辣椒、葡萄等的种子;大多数单子叶植物的种子。

(4)种子的萌发。植物学中的种子是指由胚珠受精后发育而成的有性生殖器官。实际生产上的种子是指农作物和林木的种植材料,包括籽粒、果实和根、茎、苗、芽、叶等。

①种子的萌发过程。种子的萌发是指种子的胚根伸出种皮,或营养器官的生殖芽开始生长的现象。种子的萌发一般要经过吸胀、萌动和发芽三个阶段。

吸胀:是指种子由于含有蛋白质、淀粉等亲水物质,吸水后慢慢膨胀变为溶胶状态,从外观上看种子经水浸泡后体积增加。

萌动:是指当胚细胞不断分裂,数目增加,体积扩大,到一定程度时胚根尖端突破种皮,向外伸出的现象,俗称露白。

种子萌动后,胚根伸长扎入土中形成根,胚轴伸长生长将胚芽推出地面,当根与种子等长,胚芽等于种子一半时,称发芽。发芽后的种子逐渐形成真叶,伸长幼茎便形成一棵完整的幼苗,如图2-46所示。

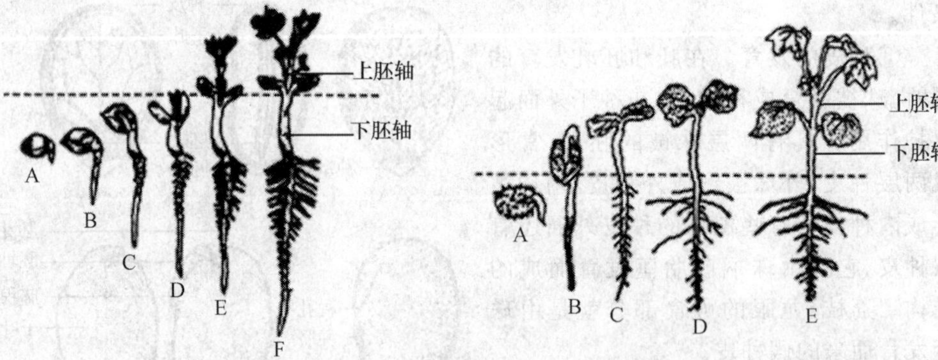


**图2-46 种子发芽和幼苗出土(A~F表示出苗顺序)**

Ⅰ.花生种子发芽出苗过程 Ⅱ.棉花种子发芽出苗过程

②种子萌发的条件。首先，种子能否萌发取决于自身是否具有生活力；其次，取决于外界环境条件。适当的水分、适宜的温度、充足的氧气是种子萌发的三要素，有些种子萌发还需要光（如莴苣、胡萝卜等）。

大多数农作物种子具有后熟作用，即种子离开母体后，需经过一系列生理过程才能达到生理成熟，从而具备发芽能力。这在粮食作物尤其是小麦种子中表现最为明显。

种子在吸收足够水分后，其他生理作用才能逐渐开始，不同植物的种子萌发需水量不同，如小麦的吸水率为30%以上、玉米为45%～50%。

不同植物的种子萌发所需的温度不同，在适宜的温度范围内，随温度的升高，种子萌发的速度加快；种子萌发时存在最低、最高和最适三基点温度，如表2-2所示。

一般植物种子需要氧浓度在10%以上才能正常萌发，氧浓度低于5%，种子不能萌发。

**表2-2　几种主要农作物种子萌发的三基点温度**

℃

| 植物种类 | 最低温度 | 最适温度 | 最高温度 |
| --- | --- | --- | --- |
| 小麦 | 0～4 | 20～28 | 30～38 |
| 大豆 | 6～8 | 25～30 | 39～40 |
| 玉米 | 5～10 | 32～35 | 40～45 |
| 水稻 | 8～12 | 30～35 | 38～42 |
| 棉花 | 10～12 | 25～32 | 40 |
| 花生 | 12～15 | 25～37 | 41～46 |

2.果实

果实是指被子植物的花，经传粉、受精后，由雌蕊或花的其他部分参与发育形成的具有果皮和种子的器官。

(1)果实的发育。被子植物经开花、传粉和受精后，花的各部分随之发生显著变化，花萼、花冠凋落或宿存，柱头和花柱枯萎，仅子房连同其中的胚珠生长膨大，发育成果实。

(2)果实的结构。由果皮和包含在果皮内的种子组成。果皮可分成三层，即内果皮、中果皮和外果皮。多数植物的果实，仅由子房发育而成，这种果实称为真果，如图2-47所示。但有些植物的果实，除子房外，还有花托、花萼或花序轴等参与形成，这种果实称为假果，如图2-48所示。

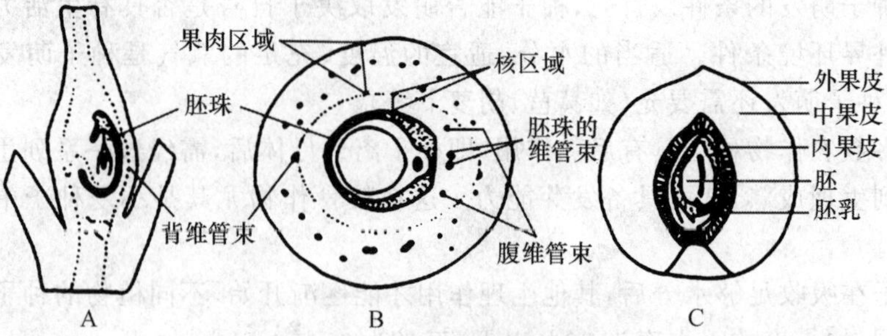


**图 2-47　真果的结构**

A. 梅的子房纵切面　B. 梅的果实横切面　C. 桃的果实纵切面

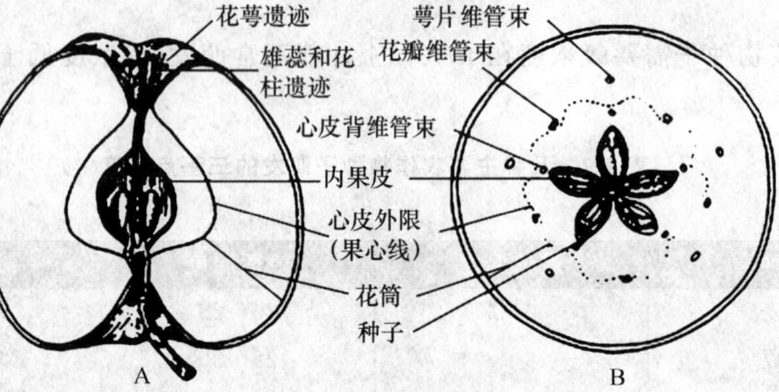


**图 2-48　假果的结构**

A. 苹果纵切面　B. 苹果横切面

(3)果实的类型。被子植物的果实大体分为三类：单果、聚合果和聚花果。一朵花中仅有一枚雌蕊所形成的果实称为单果，分为肉果和干果（如桃、番茄、黄瓜、柑橘、梨等）；聚合果是由许多小果聚生在花托上形成的（如草莓、悬钩子、莲、八角等）；有些植物的果实是由整个花序发育而成的，称为聚花果，又称复果（如菠萝、无花果、桑葚、菠萝蜜等）。

(4)单性结实。有些植物，没有经过受精，但在花粉等物质的刺激下，其子房也能发育成果实，此现象称为单性结实。单性结实包括无融合生殖，必然会产生无籽果实。有些植物在正常传粉、受精后，胚珠在形成种子的过程中受到阻碍，也可以产生无籽果实。

**(二)仪器和材料准备**

放大镜、镊子、刀片、碘液；各种用来观察的桃、花生、草莓、八角、木兰科的果实，桑葚，枫香、无花果的果实，苹果、梨、柑橘等果实，西红柿、李、杏、黄瓜、板栗、白蜡树的果实，板栗、葵花、榆树、槭树类的果实，玉米、蜀葵的果实（或制作好的样本或图片）。已浸泡的蚕豆种子和玉米籽实。当地种植农作物、蔬菜、果树、花卉等地块（观察植物的果实及种子发育情况）。

## 二、项目设计与实施

### （一）项目任务设计

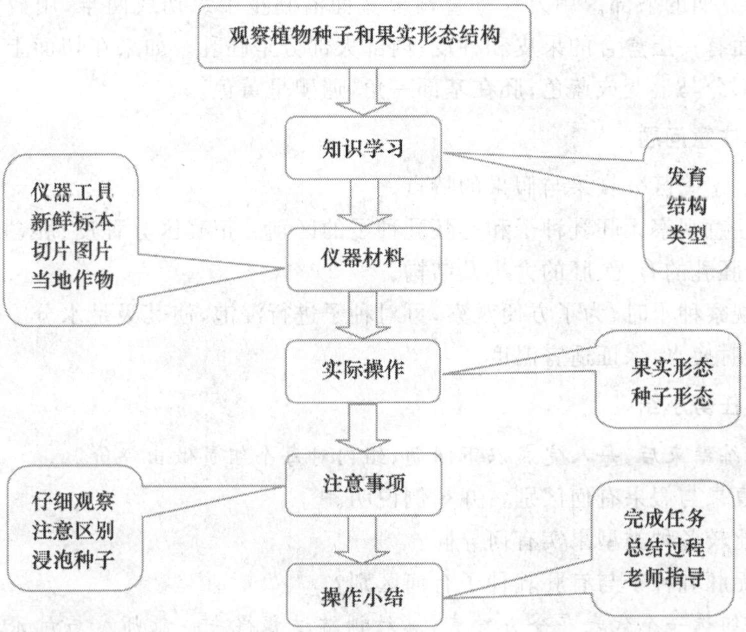


### （二）项目任务实施

1. 观察果实的形态

（1）观察真果与假果。观察苹果、梨、柑橘和桃等的果实，区分真果与假果。

（2）观察果实类型。观察桃、花生、草莓、八角、木兰科的果实，桑葚、枫香、无花果的果实，区分哪些是单果，哪些是聚合果，哪些是聚花果。

（3）区分肉果和干果。观察西红柿、李、杏、桃、苹果、梨、柑橘、黄瓜、板栗、白蜡树的果实，区分肉果和干果。

（4）观察各种裂果的类型。仔细观察八角的蓇葖果，豆类的荚果，油菜、甘蓝的角果，香椿、蓖麻的蒴果。

（5）观察各种闭果。观察板栗的坚果，葵花的瘦果，榆树、槭树类的翅果，水稻、玉米的颖果，胡萝卜、芹菜的分果。

2.观察种子的形态

(1)观察无胚乳种子。取浸泡后呈湿软状态的蚕豆种子,可以看到黑色种脐。将种子擦干,用手挤压种子两侧,可见种孔、种脊。剥开种皮可见胚根,掰开两片子叶,可见子叶着生在胚轴上,胚轴上端的芽状物为胚芽。

(2)观察有胚乳种子。取浸泡后的玉米种子(即颖果)进行观察:其外形为圆形或马齿形,稍扁,下端有果柄,去掉果柄时可见种脐;透过愈合的果种皮可看到白色的胚位于宽面的下部。用刀片垂直颖果宽面沿胚正中纵切成两半,用放大镜观察切面:外面有一层愈合的果皮和种皮;内部大部分是胚乳。如果在切面上加一滴碘液,胚乳部分马上变成蓝色;胚在基部一角,遇碘呈黄色。

### (三)注意问题

(1)能正确区分真果与假果的特点。

(2)注意观察无胚乳种子和有胚乳种子的区别。正确区分种皮、胚、胚乳,注意不同种子胚乳的有无、胚的大小及结构。

(3)观察种子时,为了方便观察,可对种子进行浸泡,使其吸足水分。但浸泡过程中要定时换水,保证适宜温度。

### (四)任务小结

1.训练结束后,每人完成以下问题,组内对每个组员做出评价。

(1)真果与假果有何区别?并举例说明。

(2)比较各种类型果实有何异同?

(3)无胚乳种子与有胚乳种子有何区别?

2.每组选一个代表在全班发言,总结训练过程得失。教师参与讨论过程并指导,对各组进行评价。

## 子任务三 测定种子生活力

### 一、学习准备

### (一)知识准备

1.种子的生活力

种子的生活力是指种子能够萌发的潜在能力或胚具有的生命力。种子活力是指种子在田间状态下迅速而整齐地萌发并形成健壮幼苗的能力，包括发芽潜力、生长潜力和生产潜力。

种子生活力是决定种子品质和实用价值大小的主要依据，与生产用种量有直接关系。种子生活力通常用一批种子中具有生命力（即活的）种子数占种子总数的百分率来表示。

2. 种子的寿命

种子的寿命是指种子在一定条件下保持生活力的最长期限。一般来说，种子贮藏越久，生活力越弱，以致完全失去生活力。种子失去生活力的主要原因是因酶物质的破坏、贮藏养料的消失而导致胚细胞的衰退死亡。干燥、低温条件下，种子的呼吸作用最弱，营养物质消耗最少。要想较长时间保持种子生活力，延长种子的寿命，在种子的贮藏中必须保持干燥和低温。如果湿度大、温度高，种子内贮藏的有机养料将会通过种子的呼吸作用而大量消耗，种子的寿命就会缩短，不易贮藏。

### （二）仪器和材料准备

刀片、镊子、培养皿、放大镜、滤纸；玉米、大豆种子、TTC 染液、5％的红墨水。

## 二、项目设计与实施

### （一）项目任务设计

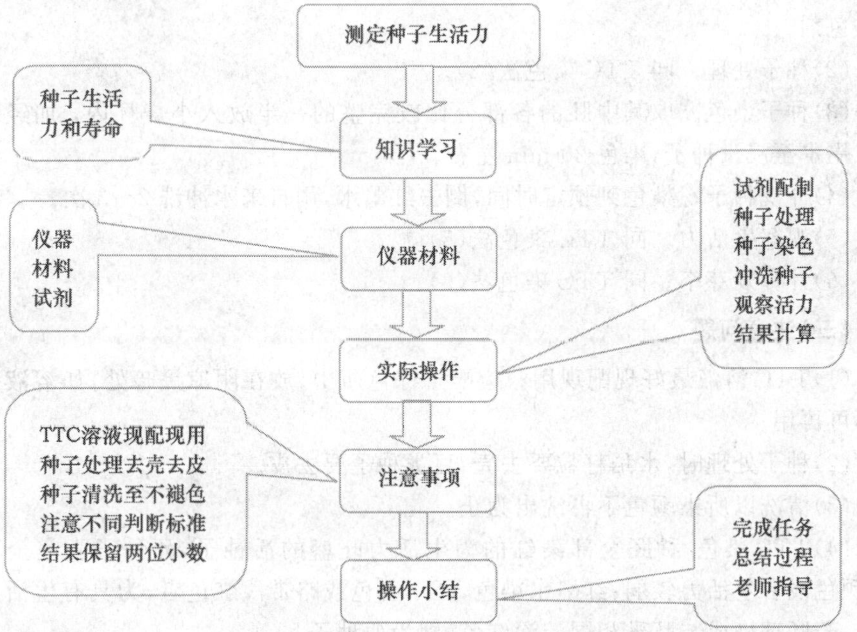

### (二)项目任务实施

1. TTC 染色法

(1)试剂配制。取 1 g TTC 溶于 1 L 蒸馏水或冷开水中,配制成 0.1%的 TTC 溶液。药液 pH 应在 6.5~7.5,以 pH 试纸试之(如不易溶解,可先加少量酒精,使其溶解后再加水)。

(2)种子处理。取玉米种子 100 粒,新、陈种子各 1 份,用冷水浸泡一夜或用 40℃左右温水浸泡 40~60 min,取出沥干水分,用单面刀片沿胚的中心纵切为两半。

(3)种子染色。取其中胚的各部分比较完整的一半,放在小烧杯内,加入 0.1%的TTC 溶液,以浸没种子为宜。置于 30~35℃的恒温箱中 30 min;或在 45℃的黑暗条件下染色约 30 min。

(4)冲洗种子。保温后,倾出药液,用清水冲洗 1~2 次。

(5)观察生活力。立即对比观察新旧种子种胚着色情况,判断种子的生活力。

(6)计算发芽率。计算种胚不着色的(活种子)种子个数,计算种子发芽率。

$$发芽率=\frac{发芽种子粒数}{用作发芽种子的总数}\times 100\%$$

2. 红墨水染色法

(1)试剂配制。市售红墨水,用蒸馏水稀释 20 倍(即 1 份红墨水加水 19 份),作染色剂。

(2)种子处理。同 TTC 染色法(2)。

(3)种子染色。取其中胚的各部分比较完整的一半放入小烧杯内,加经稀释的红墨水至浸没种子,染色 20 min 左右。

(4)冲洗种子。染色到预定时间,倒去红墨水,用自来水冲洗 2~3 次。

(5)观察生活力。同 TTC 染色法(5)

(6)计算发芽率。同 TTC 染色法(6)。

### (三)注意问题

(1)TTC 溶液最好现配现用。应贮于棕色瓶中,放在阴凉黑暗处,如溶液变红则不可再用。

(2)种子处理时,水稻籽粒要去壳,豆类种子要去皮。

(3)清洗以所染颜色不再洗出为止。

(4)TTC 染色,种胚全部染红的为生活力旺盛的活种子,死种子胚完全不着色,颜色浅者生活力较弱;红墨水染色,胚不着色或略带浅红色者,为具有生活力的种子,若胚部染成与胚乳相同的深红色,则为死种子。

(5)计算结果保留小数点后两位。

**(四)任务小结**

1. 训练结束后,每人完成以下问题,组内对每个组员做出评价。

(1)比较 TTC 染色法和红墨水染色法测定结果有何不同?

(2)为何用了 TTC 染色法,种胚染红的为活种子,而用红墨水染色法,种胚不着色的为活种子?

2. 每组选一个代表在全班发言,总结训练过程得失。教师参与讨论过程并指导,对各组进行评价。

## 三、知识拓展

### 植物生长调节剂的应用

植物生长调节剂根据对生长的效应可分为三类:一是生长促进剂,如吲哚丙酸(IPA)、吲哚丁酸(IHA)、萘乙酸(NAA)、激动素、6-苄基腺嘌呤(6-BA)、二苯基脲(DPU)等;二是生长抑制剂,如三碘苯甲酸(TIHA)、青鲜素(MA)、水杨酸、整形素等;三是生长延缓剂,如矮壮素(CCC)、多效唑($PP_{333}$)、比久($B_9$)、烯效唑等。另外还有 2,4-D、乙烯利等。

表 2-3　植物生长调节剂在农业上的应用

| 目的 | 药剂 | 对象 | 使用方法及效果 |
|---|---|---|---|
| 促进结实 | 2,4-D | 番茄、茄子 | 局部喷施,10～15 mg/L,防止落果,产生无籽果实 |
| 插条生根 | NAA | 桑、茶 | 50～100 mg/L,浸基部 12～24 h |
| | | 甘薯 | 粉剂,500 mg/L,定植前蘸根 |
| 延长休眠 | NAA 甲酯 | 马铃薯块茎 | 0.4%～1%粉剂 |
| 破除休眠 | GA | 桃种子 | 100～200 mg/L,浸 24 h |
| 蔬花疏果 | NAA 钠盐 | 鸭梨 | 局部喷施,40 mg/L |
| | 乙烯利 | 梨 | 240～480 mg/L,盛花、末花期喷施 |
| | | 苹果 | 250 mg/L,盛花前 20 d、10 d 各喷一次 |
| 保花保果 | NAA | 棉花 | 10 mg/L,开花盛期 |
| | 6-BA | 柑橘 | 400 mg/L,处理幼果 |
| | 2,4-D | 番茄 | 10～20 mg/L,开花后 1～2 d 浸花 1 s |
| | | 辣椒 | 25～25 mg/L,毛笔点花 |

续表 2-3

| 目的 | 药剂 | 对象 | 使用方法及效果 |
| --- | --- | --- | --- |
| 保鲜保绿耐贮藏 | 2,4-D | 萝卜、胡萝卜 | 100 mg/L,采收前 20 d |
| | 6-BA | 莴苣、甘蓝 | 200 mg/L,浸渍 |
| 促进开花 | 2,4-D | 菠萝 | 5～10 mg/L,50 mL/株,营养生长成熟后,从株心灌 |
| | NAA | 菠萝 | 15～20 mg/L,50 mL/株,营养生长成熟后,从株心灌 |
| 促进雌花发育 | 乙烯利 | 黄瓜、南瓜 | 1～4 叶期喷液,100～200 mg/L |
| 果实催熟 | 乙烯利 | 香蕉 | 1 000 mg/L,浸果一下 |
| | | 柿子 | 500 mg/L,浸果 0.5～1 min |
| | | 番茄 | 1 000 mg/L,浸果一下 |
| 植株矮化 | TIHA | 大豆 | 125 mg/L,开花期喷施 |
| | CCC | 小麦、玉米 | 3 000 mg/L,喷施 |
| | | 棉花 | 10～50 mg/L,喷施 |
| | $B_9$ | 花生 | 500～1 000 mg/L,始花后 30 d |
| | $PP_{333}$ | 花生 | 250～300 mg/L,始花后 25～30 d 喷施 |
| | | 水稻秧苗 | 250～300 mg/L,一叶一心期喷施 |
| | | 油菜 | 100～200 mg/L,二叶一心期喷施 |
| | | 大豆 | 200～250 mg/L,4～6 叶期喷施 |
| 提高抗性 | $PP_{333}$ | 水稻 | 100 mg/L,浸种;300 mg/L,拔节期喷,抗倒伏 |
| | | 油菜 | 100～200 mg/L,三叶期喷施,抗倒伏 |
| | | 桃 | 1 000～2 000 mg/L,叶面喷施,抗寒 |
| | | 辣椒 | 10～20 mg/L,叶面喷施,抗寒抗病 |

【评价反馈】

**(一)自我评价**

1. 名词解释

植物组织、植物器官、双受精、种子、种子的生活力

2. 填空

(1)显微镜基本结构均由______和______两大部分构成。

(2)植物细胞由______和细胞膜内的______两部分组成。

(3)根尖从顶端起依次可分为______、______、______和______四个部分。

(4)具有______、______和______三部分的叶为完全叶;有些叶只有一个或两个部分,称为不完全叶。

(5)一朵典型的花由花梗(或花柄)、______、花萼、______、雄蕊、______组成。

(6)根据花轴分枝形式和开花顺序,可将花序分为________和________。

(7)种子包括______、______和______三部分,它们分别由合子、初生胚乳核和珠被发育而来。

(8)种子的萌发一般要经过______、______和______三个阶段。

(9)被子植物的果实大体分为三类:______、______和______。

(10)要长时间保持种子生活力,延长种子的寿命,种子贮藏中必须保持______和______。

3. 简答题

(1)单叶和复叶有什么区别?复叶有哪些类型?

(2)如何正确区分芽、分枝与分蘖?

(3)比较小麦、玉米等单子叶植物的花如何组成?举例说明。

(4)无胚乳种子与有胚乳种子有何区别?

**(二)小组评价(附表1)**

**(三)综合评价**

1. 教师评价

(1)对实践操作的点评。

(2)对学习过程的总体评价。

教师签名________________

2. 学生评价

(1)对教师授课效果的评价。

(2)对学习效果的评价。

学生签名________________

# 项目三　植物生产和土壤环境

【学习目标】

1. 了解土壤固相、液相、气相的物质组成和我国土壤的分布与主要特征

2. 熟悉土壤的主要物理性质和化学性质

3. 掌握土壤质地判断、土壤调查和低产田土壤改良的方法

【工作任务描述】

本项目分为认知土壤基本组成、认知土壤基本性质和土壤资源开发与保护 3 个任务。通过本项目任务的操作与学习，能让学员认知土壤基本组成和基本性质，学会徒手判断土壤质地、掌握土壤剖面观察与肥力调查方法；通过反复训练和田间实际操作，培养学员吃苦耐劳、团结协作的精神，树立学农爱农思想。

【内容结构】

# 任务一　认知土壤基本组成

土壤即指覆盖在地球陆地表面上的，能够生长绿色植物的疏松表层，是人类赖以生存、发展的重要基础和生态条件。土壤之所以能生长绿色植物，主要是因为它具有肥力。

土壤肥力是指在植物生长发育过程中，土壤不断地供给和调节植物所必需的水、肥、气、热等物质和能量的能力，其中，水、肥、气、热 4 个因素称为土壤肥力因素。农业生产中的耕作管理、灌溉施肥、休耕制等技术措施，都是为了提高土壤肥力，以保证植物生产的优质高效。

## 子任务一　认知土壤三相物质组成

### 一、学习准备

#### (一)知识准备

土壤肥力是反映土壤能够生长植物的能力，而这种能力是与土壤的物质组成密不可分的。自然界土壤由矿物质、有机质（土壤固相）、土壤水分（液相）和土壤空气（气相）三相物质组成。土壤三相相互联系、相互制约，形成一个统一体，是土壤肥力的物质基础。

1. 土壤固相组成

主要含有土壤矿物质、土壤有机质及土壤生物。在农业土壤中，矿物质占土壤固相质量的 95%以上，有机质仅占 5%以上，还有少量的土壤生物。土壤固相是土壤的基本物质组成，决定着土壤一系列物理和化学性质。

(1)土壤矿物质。是指坚硬的岩石经过一系列风化、成土过程之后形成的大大小小的颗粒。

土壤由各种大小不同的矿物质土粒组成。根据土粒的粒径和性质，将其划分为若干等级，称为粒级。同一粒级范围内的土粒成分和理化性质基本一致，不同粒级间则有明显的差异。土粒分级与粒径的关系如表 3-1 所示。

**表 3-1 土粒分级表**

mm

| 粒级名称 | 石块 | 石砾 | 砂粒 | 粉粒 | 黏粒 |
|---|---|---|---|---|---|
| 粒径 | ＞3 | 3～1 | 1～0.05 | 0.05～0.001 | ＜0.001 |

生产实际中常将粒径在 1～0.01 mm 的土粒称为物理性沙粒，粒径＜0.01 mm 的土粒称为物理性黏粒(通常所称的"沙"和"泥")。沙粒对于改善土壤通气性、透水性有益；而黏粒主要起着保蓄养分、水分的作用。

土壤中物理性黏粒和物理性沙粒含量(质量)百分率的组合，称为土壤质地。

目前我国农业生产中广泛采用卡庆斯基土壤质地分类标准，它是依据物理性黏粒或物理性砂粒含量的多少，并参考土壤类型，将土壤质地分成沙土、壤土和黏土 3 个基本的质地类别，然后再根据各粒级含量的变化进一步细分，如表 3-2 所示。

**表 3-2 卡庆斯基土壤质地分类标准**

%

| 质地分类 | | 物理性黏粒含量 | | | 物理性沙粒含量 | | |
|---|---|---|---|---|---|---|---|
| 类别 | 名称 | 灰化土类 | 草原土类及红黄壤类 | 碱化及强碱化土类 | 灰化土类 | 草原土类及红黄壤类 | 碱化及强碱化土类 |
| 沙土 | 松沙土 | 0～5 | 0～5 | 0～5 | 100～95 | 100～95 | 100～95 |
| | 紧沙土 | 5～10 | 5～10 | 5～10 | 95～90 | 95～90 | 95～90 |
| 壤土 | 沙壤土 | 10～20 | 10～20 | 10～15 | 90～80 | 90～80 | 90～85 |
| | 轻壤土 | 20～30 | 20～30 | 15～20 | 80～70 | 80～70 | 85～80 |
| | 中壤土 | 30～40 | 30～45 | 20～30 | 70～60 | 70～55 | 80～70 |
| | 重壤土 | 40～50 | 45～60 | 30～40 | 60～50 | 55～40 | 70～60 |
| 黏土 | 轻黏土 | 50～65 | 60～75 | 40～50 | 50～35 | 40～25 | 60～50 |
| | 中黏土 | 65～80 | 75～85 | 50～65 | 35～20 | 25～15 | 50～35 |
| | 重黏土 | ＞80 | ＞85 | ＞65 | ＜20 | ＜15 | ＜35 |

(2)土壤有机质。是土壤中所有含碳有机化合物的总称。

土壤有机质是土壤肥力的主要物质基础之一,它在土壤中占土壤干重的比例不高,但对土壤肥力和生态环境的贡献很大,其含量高低是评定土壤肥力高低的主要指标之一。土壤有机质主要来源于施入的各种有机肥料、植物遗留的根、动物和微生物的残体。一般土壤有机质的含量变动在 10～200 g/kg 之间。

土壤有机质主要由腐殖质和非腐殖质组成。

腐殖质:是土壤中的动植物残体经过土壤微生物作用后,重新合成的复杂的有机质,占土壤有机质总量的 85%～90%,是土壤有机质的主要组成物质。腐殖质性质稳定,呈深褐色。

非腐殖质:主要是生物残体及其不同分解阶段的产物,占土壤有机质总量的 10%～15%,主要物质有蛋白质和木质素等。

土壤有机质的作用主要体现在:一是提供植物需要的养分。有机质矿化释放出植物所需的各种营养元素如碳、氢、氧、氮、磷、钾、钙、镁、硫等大、中量元素和铁、硼、锰、锌、铜等微量元素;二是增加土壤保水、保肥能力。腐殖质可吸附土壤离子,避免养分随水流失,腐殖质的保水保肥能力是矿质黏粒的十几到几十倍;三是形成良好的土壤结构,改善土壤物理性质。腐殖质可增加沙土的黏性,降低黏土的黏结性,易形成疏松的团粒结构,从而改善土壤的透水性、蓄水性及通气性;四是促进微生物活动,加快土壤养分代谢。土壤有机质为其提供充足的营养和能源,并促进营养物质转化;五是净化土壤、促进生长。腐殖质有助于消除土壤中的农药残毒和重金属污染,起到净化土壤作用。腐殖质中某些物质如胡敏酸、维生素、激素等还可刺激植物生长。

(3)土壤生物。是指全部或部分生命周期在土壤中生活的生物,包括土壤动物、植物和微生物。

土壤动物:土壤中有许多小动物,如蚯蚓、线虫、蚂蚁、蜗牛、螨虫、螨类等。土壤动物的生物量一般为土壤生物量的 10%～20%。

土壤植物:是土壤的重要组成部分,主要是指高等植物地下部分,包括植物根系、地下块茎(如甘薯、马铃薯)等。

土壤微生物:占土壤生物绝大多数,种类多、数量大,是土壤生物中最活跃的部分。重要的类群有细菌、放线菌、真菌、藻类和原生动物及病毒等。

土壤生物的作用:一是影响土壤结构的形成与土壤养分的循环,如微生物的分泌物可促进土壤团粒结构的形成,也可分解植物残体,释放碳、氮、磷、硫等养分;二是影响土壤无机物质的转化,如微生物及其生物分泌物可将土壤中难溶性磷、铁、钾等养分转化为有效养分；三是固持土壤有机质，提高土壤有机质含量；四是通过生物固氮，改善植物氮素营养；五是可以分解转化农药、激素等土壤中的残留物质，降解毒性，净化土壤。

2. 土壤液相组成

主要成分是土壤水分与溶解在水分中的各种物质，因此土壤水分并非纯水，而是溶解有一定浓度无机离子与有机分子的稀薄溶液。具体内容本书项目四有详细阐述。

3. 土壤气相组成

主要是土壤空气。土壤水分和空气存在于土壤孔隙中，二者彼此消长，即水多气少，水少气多。

(1)土壤空气组成。土壤空气来自于大气，但其成分与大气有一定的差别：土壤空气中 $CO_2$ 含量高于大气；土壤空气中的 $O_2$ 低于大气；土壤空气中的水汽含量高于大气；土壤空气中还原性气体高于大气；土壤空气成分随时、空而变化。

(2)土壤通气性。是指土壤空气与大气的交换能力或速率，其交换方式有整体交换和气体扩散。如交换速度快，则土壤的通气性好；反之，土壤的通气性差。

土壤通气性的作用：一是影响种子萌发。对于一般作物种子，土壤空气中的氧气含量大于 10%，则可满足种子萌发需要。二是影响根系生长和吸收功能。氧气含量低于 12% 才会明显抑制根系的生长。三是影响土壤微生物活动。在水分含量较高的土壤中，微生物以嫌气活动为主；反之，微生物以好气呼吸为主。四是影响土壤肥力。通气良好时，土壤呈氧化状态，有利于有机质矿化和土壤养分释放；通气不良时，土壤还原性加强，有机质分解不彻底，可能产生还原性有毒气体。

土壤通气性调节：通过深耕结合施用有机肥料、合理排灌、适时中耕等措施来调节土壤的通气状况，改善土壤水、肥、气、热条件，给植物生长创造适宜的环境条件。

**(二)资料准备**

(1)图书馆或资料室。利用现有的图书馆或资料室以及报刊，查找有关土壤固相、液相、气相组成等方面的资料；

(2)网络或技术资源。利用电脑、WiFi 或调查当地农业部门、走访农技人员了解当地主要土壤质地及对当地植物生产的影响情况；

(3)教师准备的资料单。土壤、土壤肥力、土壤基本组成、土壤质地、土壤有机质等方面相关文章和当地农业生产的相关资料。

## 二、项目设计与实施

### (一)项目任务设计

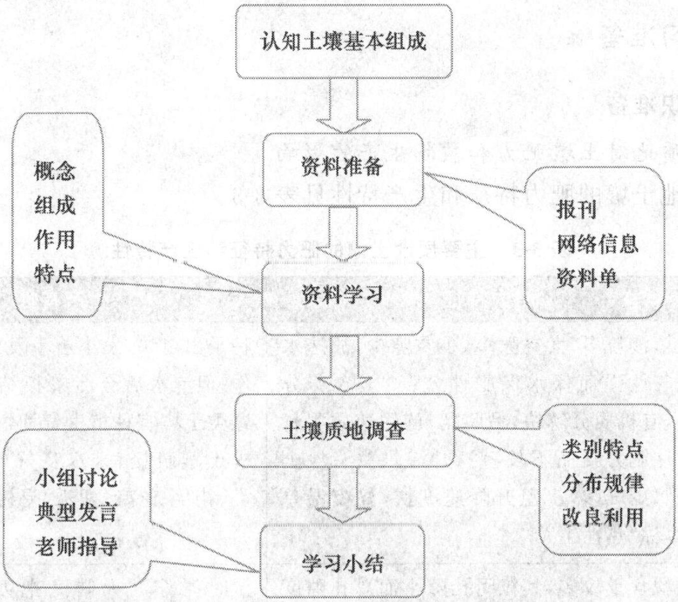


### (二)项目任务实施

1. 在教师的指导下,学习我国土壤、土壤肥力的概念,土壤三相组成、特点、作用等知识。

2. 对当地土壤质地的类别、特点、分布、对植物生产影响状况、改良利用等情况进行调查,写出调查报告。

3. 学习小结。

(1)每人写一份学习总结。

(2)小组讨论,分享每个组员的调查报告。

(3)每组选一个代表在全班做典型发言,讲解小组的学习方法、学习收获和调查结果,教师对调查情况进行总结,对小组讨论、学习情况进行评价。

# 子任务二　手测法判断土壤质地

## 一、学习准备

### (一)知识准备

1. 土壤质地对土壤肥力和植物生产的影响

主要质地土壤的肥力特征和生产特性见表 3-3。

表 3-3　主要质地土壤的肥力特征和生产特性

| 质地 | 肥力特征 | 生产特性 |
| --- | --- | --- |
| 沙质土 | 土壤沙粒多,大空隙多,小空隙少,故透水透气性强而保水保肥性差;沙土含养分少,有机质分解快,易脱肥,施用速效肥料往往肥力猛而不长,俗称“一烘头”;沙土因水少气多,土温升降速度快,昼夜温差大,称“热性土” | 种子出苗快,发小苗不发老苗;易于耕作,但泡水后会淀浆板结,俗称闭沙;这类土壤宜种植生育期短、耐贫瘠、要求土壤疏松、排水良好的作物,如薯类、花生、芝麻、西瓜、果树等作物 |
| 黏质土 | 黏粒含量较多,其粒间孔隙小而总孔隙度大,毛管作用强烈,透水透气性差,但保水保肥性强;黏质土矿质养分丰富,加之通气不良,有机质分解缓慢,肥效稳长后劲足;黏土水多气少,土温升降速度慢,昼夜温差小,称“冷性土” | 湿时泥泞,“天晴一把刀,落雨一团糟”,耕后大坷垃多,作物不易做到全苗齐苗;土性冷,肥效稳长,发老苗不发小苗;这类土壤宜种植水稻、小麦、玉米、高粱、豆类等生育期长、需肥量大的作物 |
| 壤质土 | 兼有沙土与黏土的优点,通气透水性良好,保水保肥力强;有机质分解较快,供肥性能好;土温较稳定,耕性良好 | 水、肥、气、热状况比较协调,适宜种植各种作物,发小苗也发老苗——“壮子送老” |

2. 改良土壤质地

由于长期耕作或不良气候影响而使土壤性状改变,不利于植物生产。因此,就需要对土壤质地进行改良。

(1)加强农田基本建设,防治水土流失,保证农田旱时灌溉、涝时排水。

(2)改良耕地质量。采取深松或耙耱、镇压等耕作技术,可打破土壤层状、片状结构，使土壤耕作层空隙度适宜，通气性较强，保水保肥能力良好，可解决因耕作造成的土壤板结和土壤退化；采用少耕免耕技术，可减少对土壤团粒结构、腐殖质的破坏，保证土壤微生物的适宜生长，并涵养墒情；采用耕翻法，可混合“上砂下黏”、“上黏下砂”中的砂粒和黏粒，改善土壤质地，促进土壤通气和保水保肥及微生物生长，从而增加腐殖质含量，提高土壤肥力。

(3)保持土壤肥力。粮肥轮作、水旱轮作，增施有机肥，种植绿肥植物，都可以促进土壤团粒结构形成，保证腐殖质含量；施用化肥，也可保证耕地肥力，但化肥施用应适宜，过少所起作用不大，过多易造成土壤养分不均衡或土壤板结。

(4)保持适宜墒情。根据土壤墒情实施沟灌、喷灌、滴灌或晒垡、冻垡等措施。

(5)改良客土。黏土掺沙、沙土掺黏(如塘泥)。对于沙土或黏土，可采用掺黏或掺沙的方式进行客土改良，达到“三泥七沙”或“四泥六沙”的壤土质地；施用石灰、草木灰可改良酸性土，施用石膏可改良碱性土，中和土壤酸碱性。

### (二)仪器和材料准备

准备一些沙土、壤土、黏土等土壤样本和待测土壤样本。

## 二、项目设计与实施

### (一)项目任务设计

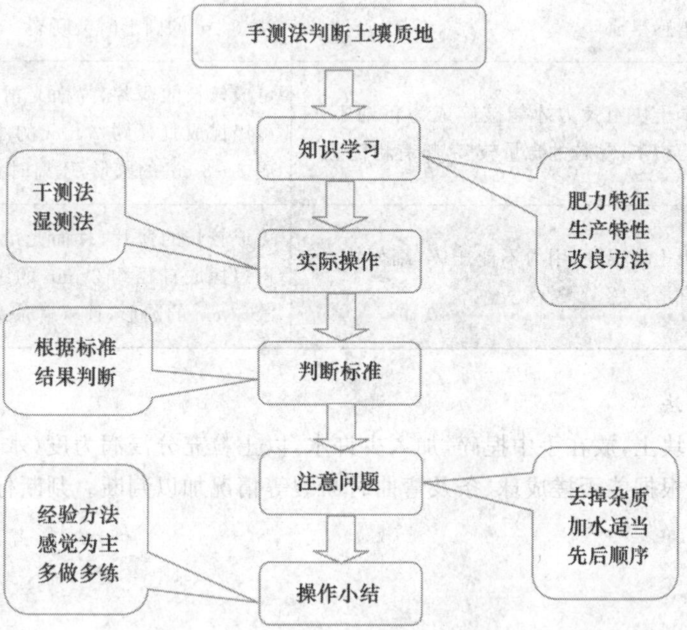

**(二)项目任务实施**

手测法分成干测法和湿测法两种，均以感觉为主，是经验方法，需要多做多练，积累经验。

1. 干测法

取玉米粒大小的干土块，放在拇指与食指间摩擦，使之破碎。根据指压时用力大小和摩擦时的感觉来判断。判断标准如表 3-4 所示。

**表 3-4　土壤质地手测法判断标准(干测法)**

| 质地名称 | 干燥状态下在手指间挤压或摩擦的感觉 | 在湿润条件下揉搓塑型的表现 |
| --- | --- | --- |
| 沙土 | 几乎由沙粒组成，感觉粗糙，研磨时沙沙作响 | 不能成球形，用手捏可成团，但松手即散，不能成片 |
| 沙壤土 | 沙粒为主，混有少量黏粒，很粗糙，研磨时有响声，干土块用小力即可捏碎 | 勉强可成厚而极短的片状，能搓成表面不光滑的小球，不能搓成条 |
| 轻壤土 | 干土块稍用力挤压即碎，手捻有粗糙感 | 片长不超过 1 cm，片面较平整，可成直径约 3 mm 的土条，但提起后易断裂 |
| 中壤土 | 干土块用较大力才能挤碎，为粗细不一的粉末，沙粒和黏粒的含量大致相同，稍感粗糙 | 可成较长的薄片，片面平整，但无反光，可以搓成直径约 3 mm 的小土条，弯成 2～3 cm 的圆形时会断裂 |
| 重壤土 | 干土块用大力才能破碎成为粗细不一的粉末，黏粒的含量较多，略有粗糙感 | 可成较长的薄片，片面光滑，有弱反光，可以搓成直径约 2 mm 的小土条，能弯成 2～3 cm 的圆形，压扁时有裂缝 |
| 黏土 | 干土块很硬，用力不能压碎，细而均一，有滑腻感 | 可成较长的薄片，片面光滑，有强反光，可以搓成直径约 2 mm 的细条，能弯成 2～3 cm 的圆形，且压扁时无裂缝 |

2. 湿测法

取一小块土，放在手中捏碎，加入少许水，以土粒充分浸润为度(水分过多过少均不适宜)，根据能否搓成球、条及弯曲时断裂等情况加以判断。判断标准如表 3-5 所示。

表 3-5 土壤质地野外手感鉴定分级标准(湿测法)

| 质地名称 | | 手捏 | 手刮 | 手挤 |
|---|---|---|---|---|
| 卡庆斯基制 | 国际制 | | | |
| 沙土 | 沙土 | 不管含水量为多少,都不能搓成球 | 不能成薄片,刮面全部为粗砂粒 | 不能挤成扁条 |
| 壤沙土 | 沙壤土 | 能搓成不稳定的土球,但搓不成条 | 不能成薄片,刮面留下很多细沙粒 | 不能挤成扁条 |
| 轻壤土 | 壤土 | 能搓成直径 3～5 mm 粗的小土条,拿起时摇动即断 | 较难成薄片,刮面粗糙似鱼鳞状 | 能勉强挤成扁条,但边缘缺裂大,易断 |
| 中壤土 | 黏壤土 | 小土条弯曲成圆环时有裂痕 | 能成薄片,刮面稍粗糙,边缘有少量裂痕 | 能挤成扁条,摇动易断 |
| 重壤土 | 壤黏土 | 小土条弯曲成圆环时无裂痕,压扁时产生裂痕 | 能成薄片,刮面较细腻,边缘有少量裂痕,刮面弱反光 | 能挤成扁条,摇动不易断 |
| 黏土 | 黏土 | 小土条弯曲成圆环时无裂痕,压扁时也无裂痕 | 能成薄片,刮面细腻平滑,无裂痕,发光亮 | 能挤成卷曲扁条,摇动不易断 |

3. 结果判断

(1)按照先摸后看、先沙后黏、先干后湿的顺序,对已知质地土壤进行手摸测定其质地。

(2)先摸后看就是首先目测,观察有无坷垃、坷垃多少和硬软程度。质地粗的土壤一般无坷垃,质地越细坷垃越多越硬。沙质土壤比较粗糙无滑感,黏重的土壤正好相反。

**(三)注意事项**

(1)拣掉土样中的植物根、结核体、侵入体等杂质。

(2)加入的水分必须适当,不黏手为最佳。

(3)按照搓成球状、条状、环形的顺序进行,最后将环压扁成片状,观察指纹是否明显。

**(四)任务小结**

(1)每组写出一份实验报告,并对本组工作做出评价。

(2)每组选一个代表在全班发言,总结经验。教师参与讨论过程并指导,对各组进行评价。

# 任务二　认知土壤基本性质

## 一、学习准备

### (一)知识准备

土壤的基本性质可分为土壤物理性质和土壤化学性质。土壤物理性质主要包括土壤孔隙性、土壤结构性、土壤耕性;土壤化学性质主要包括土壤酸碱性、土壤缓冲性、土壤吸收性。

1. 土壤物理性质

(1)土壤孔隙性。土壤中单粒或团粒结构之间,以及团粒结构内部的空隙称为土壤孔隙。土壤孔隙的数量、大小、比例所表现出的性质称为土壤孔隙性。

孔隙的数量决定着土壤中气、液两相的总量;孔隙的大小及比例决定着气、液两相的比例。

土壤孔隙数量常以孔隙度来表示。土壤孔隙度是指自然状况下,单位体积土壤中孔隙体积占土壤总体积的百分数。通常是通过测定土壤密度、土壤容重后计算出来的。

土壤密度是指单位体积土粒(不包括粒间孔隙)的烘干土重,单位是 $g/cm^3$ 或 $t/m^3$。通常土壤密度可作为常数来看待,取值为 2.65 $g/cm^3$。

土壤容重是指在田间自然状态下,单位体积土壤(包括粒间孔隙)的烘干土重,单位也是 $g/cm^3$ 或 $t/m^3$。

$$土壤容重(g/cm^3)=\frac{烘干土重}{土壤体积}$$

土壤容重随土壤三相组成的变化而变化,而三相组成变化又受到土粒排列、质地、结构、松紧状况以及降水和人为活动的影响。多数土壤容重为 1.0～1.8 $g/cm^3$,沙土多在 1.4～1.7 $g/cm^3$;黏土一般在 1.1～1.6 $g/cm^3$;壤土介于两者之间。

土壤密度与土壤容重的关系如图 3-1 所示。

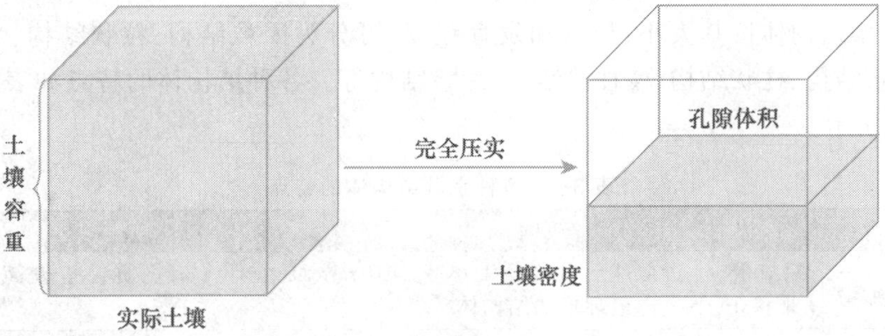


**图 3-1　土壤密度与土壤容重的关系**

根据土壤密度和土壤容重计算得出土壤孔隙度。

$$土壤孔隙度=\left(1-\frac{土壤容重}{土壤密度}\right)\times100\%$$

根据土壤孔隙的通透性和持水能力，将其分为通气孔隙、毛管孔隙和无效孔隙三种类型，如表 3-6 所示。土壤中通气孔隙和毛管孔隙适宜，有利于土壤的通气和保水蓄水。

**表 3-6　土壤孔隙类型及性质**

| 孔隙类型 | 通气孔隙 | 毛管孔隙 | 无效孔隙（非活性孔隙） |
|---|---|---|---|
| 孔径/mm | <0.02 | 0.002～0.02 | <0.002 |
| 土壤水吸力/kPa | <15 | 15～150 | >150 |
| 主要作用 | 起通气透水作用，常被空气占据 | 水分因受毛管力影响而能够移动，可被植物吸收利用，起到保水蓄水作用 | 水分移动困难，不能进入空气及根系，不能被植物吸收利用 |

土壤孔隙度的变幅一般在 30%～60%，适合植物生长发育的土壤孔隙度指标是：耕层的总孔隙度为 50%～60%，通气孔隙度在 10%以上。生产中保持土壤适宜的毛管孔隙度和通气孔隙度，使土壤的通气、保水、蓄水功能良好，是保证植物生产的基本条件。

(2)土壤结构性。土壤中小于 1 μm 的固相颗粒分散于土壤溶液中，形成两相体系，称土壤胶体，分有机胶体（如腐殖质）、矿质胶体（如黏土矿物）和有机矿质复合胶体三类。土壤胶体有巨大的表面积，并带有电荷，因此具有吸收、膨胀、收缩、分散、凝聚等特性。

土壤结构包含土壤结构体和土壤结构性。土壤结构体是指土粒与土壤胶体胶结团聚形成的、具有不同形状和大小的土团和土块。土壤结构性是指土壤结构体的类型、数量、稳定性，以及土壤的孔隙状况。

土壤结构体按其大小、形状和发育程度，可分为团粒结构、粒状结构、块状结构、核状结构、柱状结构、棱柱状结构、片状结构等。各种结构体的特点如表 3-7 和图 3-2 所示。

**表 3-7 各种土壤结构体的特点**

| 名称 | 俗称 | 结构体特点 | 所组成土壤特点 |
| --- | --- | --- | --- |
| 团粒结构 | 蚂蚁蛋、米糁子 | 近似球形且直径大小 1～10 mm，是农业生产最理想的结构体 | 有机质含量较高，质地适中 |
| 粒状结构 | | 土粒团聚成棱角比较明显、水稳性与机械稳定性较差、大小与团粒结构相似的土团 | 有机质含量不高，质地偏沙 |
| 块状结构 | 坷垃 | 结构体呈不规则块状，长、宽、高大致相近，边面不明显，结构体内部较紧实 | 有机质含量较低，黏重 |
| 核状结构 | 蒜瓣土 | 外形与块状结构体相似，体积较小，但棱角、边、面比较明显，内部紧实坚硬，水泡不散 | 黏土而缺乏有机质，为心土层和底土层 |
| 柱状结构 | 立土 | 结构体呈立柱状，纵轴大于横轴，比较紧实 | 水田土壤、典型碱土、黄土母质的下层 |
| 棱柱状结构 | | 外形与柱状结构体很相似，但棱角分明，结构体表面覆盖有胶膜物质 | 质地黏重而水分含量经常变化的下层土壤 |
| 片状结构 | 卧土 | 结构体形状扁平，成层排列，呈片状或板状 | 表层遇雨或灌溉后出现，为犁底层 |

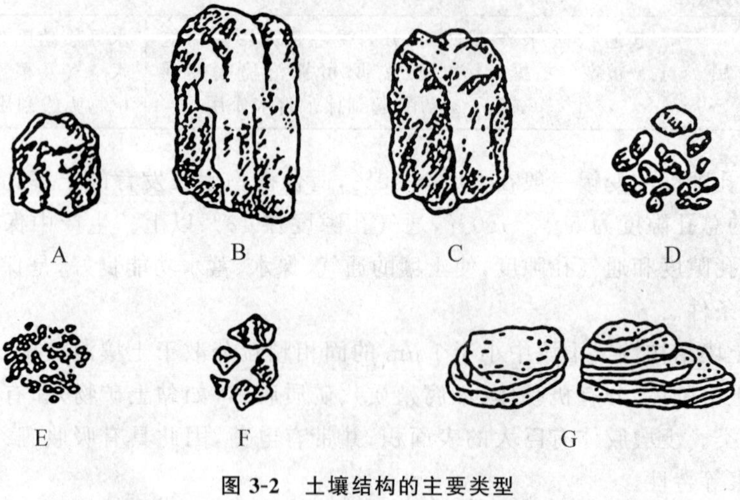


**图 3-2 土壤结构的主要类型**

A. 块状结构 B. 柱状结构 C. 棱柱状结构 D. 团粒结构 E. 粒状结构 F. 核状结构 G. 片状结构

团粒结构是良好的土壤结构体,土壤孔隙度大小适中,持水孔隙与通气孔隙并存,并有适当的数量和比例,使土壤中的固相、液相和气相相互处于协调状态,因此,团粒结构多是土壤肥沃的标志之一。

块状结构体间孔隙过大,易形成缺乏有机质的黏重土壤,湿时黏韧,干时坚硬,不利于蓄水保水,易透风跑墒,出苗难;出苗后易出现"吊根"现象,影响水肥吸收;耕层下部的暗坷垃因其内部紧实,还会影响根系下扎,而使深根系植物发育不良。

核状结构具有较强的水稳性和机械稳定性,但因其内部紧实,小孔隙多,大小孔隙不协调,不便耕作。

片状结构在含粉砂较多而有机质较少的土层中易生成,多在土壤表层形成板结,不仅影响耕作与播种质量,而且影响土壤与大气的气体交换,阻碍水分运动。一般出现在犁底层中。不利于种子出苗、水稻栽插和根系下扎,限制养分吸收,需适时锄地松土,破除土片。

柱状、棱柱状结构内部甚为坚硬,孔隙小而多,通气不良,根系难以扎入或伸展;结构体于干旱时收缩,形成较大的垂直裂缝,成为水肥下渗通道,造成跑水跑肥。

(3)土壤耕性。是指土壤在耕作时和耕作以后所表现出来的一系列性质。

土壤物理机械性。包括土壤的黏结性、黏着性、可塑性、胀缩性等。土壤黏结性是指土壤颗粒之间由于黏结力作用而相互黏结在一起的性能。土壤黏着性是指在一定含水量范围内,土壤黏附于外物上的性能。土壤可塑性是指在一定含水量范围内可以被塑造成任意形状,并且在干燥或者外力解除后仍能保持所获得形状的能力。土壤胀缩性是指因土壤含水量发生变化而引起的,或者在含有水分情况下因温度变化而引起的土壤体积变化。

土壤耕性好坏的标准是:

第一,耕作难易。指耕作时土壤对农机具产生的阻力大小,耕作阻力越大,越不易耕作。耕作时省工省劲,称"土轻"、"口松"、"绵软";耕作时费工费劲难耕,称"土重"、"口紧"、"僵硬"等。

第二,耕作质量。指耕作后土壤所表现的状况及其对植物的影响。凡耕后土垡松散易耙碎、不成坷垃、疏松、孔隙良好、有利于种子发芽、出土及幼苗生长的土壤称为耕作质量好,反之,则耕作质量差。

第三,宜耕期长短。宜耕期是指适宜耕作的土壤含水量范围。一般来说,适耕期长的土壤耕性好,耕性不良的土壤适耕期短,适耕期应选择在土壤含水量低于可塑下限(干耕)或高于可塑上限(湿耕)。

2. 土壤化学性质

(1)土壤酸碱性。即土壤表现出的酸性或碱性,常用土壤酸碱度表示。土壤酸碱度指土壤溶液中氢离子($H^+$)浓度的负对数值,$pH=-\log H^+$。我国土壤的一般 pH 变动范围在 4～9,多数土壤的 pH 在 4.5～8.5 范围内。

①土壤的酸碱度分级。如表 3-8 所示。

**表 3-8 土壤的酸碱度分级**

| 土壤 pH | <4.5 | 4.5～5.5 | 5.5～6.5 | 6.5～7.5 | 7.5～8.5 | 8.5～9.5 | >9.5 |
|---|---|---|---|---|---|---|---|
| 酸碱度级别 | 极强酸性 | 强酸性 | 酸性 | 中性 | 碱性 | 强碱性 | 极强碱性 |

②土壤酸碱性影响植物生长发育。不同植物对土壤酸碱性都有一定的适应范围(表 3-9)。一般植物在 pH 为 6.0～8.0 的弱酸、弱碱和中性土壤中,都能正常生长。

**表 3-9 主要栽培植物的适应 pH 范围**

| 适宜范围 | 栽培植物 |
|---|---|
| pH 7.0～8.0 | 苜蓿、田青、大豆、甜菜、芦笋、莴苣、花椰菜、大麦 |
| pH 6.5～7.5 | 棉花、小麦、大麦、大豆、苹果、玉米、蚕豆、豌豆、甘蓝 |
| pH 6.0～7.0 | 蚕豆、豌豆、甜菜、甘蔗、桑树、桃树、玉米、苹果、苕子、水稻 |
| pH 5.5～6.5 | 水稻、油菜、花生、紫云英、柑橘、芝麻、小米、萝卜菜、黑麦 |
| pH 5.0～6.0 | 茶树、马铃薯、荞麦、西瓜、烟草、亚麻、草莓、杜鹃花 |

③土壤酸碱性影响土壤肥力。土壤中氮、磷、钾、钙、镁等养分有效性受土壤酸碱性变化的影响很大,微生物对土壤酸碱性有一定的适应范围,土壤酸碱性对土壤理化性质也有影响。土壤酸碱度对土壤肥力的影响如表 3-10 所示。

④土壤酸碱性改良。

酸性土壤改良:施用石灰。当土壤 pH 4～5 时,石灰用量 750～2 250 kg/$hm^2$;当 pH 5～6 时,石灰用量 375～750 kg/$hm^2$。另外草木灰既是钾肥又是碱性肥料,可用来改良酸性土壤。

碱性土壤改良:生产上用石膏、黑矾、硫黄粉、明矾、腐殖酸肥料等来改良碱性土。另外,在碱性或微碱性土壤上栽培喜酸性花卉,可加入硫黄粉、硫酸亚铁来降低土壤碱性。

(2)土壤缓冲性。是指土壤抵抗外来物质引起的酸碱度剧烈变化的能力。由于土壤具有这种性能,可使土壤的酸碱度保持在一定范围内,避免因施肥、根系呼吸、微生物活动、有机质分解等引起土壤酸碱度的显著变化。

表 3-10 土壤酸碱度与土壤肥力的关系

| 土壤酸碱度 | 极强酸性 | 强酸性 | 酸性 | 中性 | 碱性 | 强碱性 | 极强碱性 |
|---|---|---|---|---|---|---|---|
| | 3.0 4.0 | 4.5 5.0 | 5.5 | 6.0 6.5 | 7.0 7.5 | 8.0 8.5 | 9.0 9.5 |
| 主要分布区域或土壤 | 华南沿海泛酸田 | 华南黄壤、红壤 | | 长江中下游水稻土 | 西北和北方石灰性土壤 | 含碳酸钙的碱土 | |
| 肥力状况：土壤物理性质 | 越酸则钙、镁离子减少，氢离子增多，土壤团粒结构易被破坏，妨碍土壤水分和空气的调节 | | | | 盐碱土中由于钠离子的作用，土粒分散，湿时泥泞不透水，干时坚硬 | | |
| 肥力状况：微生物 | 越酸有益细菌活动越弱，而真菌的活动越强 | | | 适宜有益细菌的生长 | | 越碱有益细菌活动越弱 | |
| 肥力状况：氮 | 硝态氮的有效性降低 | | | 氨化作用、硝化作用、固氮作用最为适宜，氮的有效性高 | | 越碱氮的有效性越低 | |
| 肥力状况：磷 | 越酸磷越易被固定，磷的有效性降低 | | | 磷的有效性最高 | 磷的有效性降低 | | 磷的有效性增加 |
| 肥力状况：钾、钙、镁 | 越酸有效性含量越低 | | | 有效性随含量增加而增加 | | 钙、镁的有效性降低 | |
| 肥力状况：铁 | 越酸铁越多，植物易受害 | | | 越碱有效性越低 | | | |
| 肥力状况：硼、锰、铜、锌 | 越酸有效性越高 | | | 越碱有效性越低（但 8.5 以上，硼的有效性最高） | | | |
| 肥力状况：钼 | 越酸有效性越低 | | | 越碱有效性越高 | | | |
| 肥力状况：有毒物质 | 越酸铝离子、有机酸等有毒物质越多 | | | 盐土中过多的可溶性盐类及碱土中的碳酸钠对植物有毒害作用 | | | |
| 指示植物、化肥施用 | 酸性土：铁芒箕、映山红、石松等 | | | 钙质土：蜈蚣草、铁丝蕨、南天竺等；盐土：虾须草、盐蒿、扁竹叶、柽柳等；碱土：剪刀股、碱蓬、牛毛草、麻陆等 | | | |
| 指示植物、化肥施用 | 宜施用碱性肥料 | | | 宜施用酸性肥料 | | | |

土壤缓冲性的机理表现为：一是交换性阳离子的缓冲作用。当酸碱物质进入土壤后，可与土壤中交换性阳离子进行交换，生成水和中性盐。二是弱酸及其盐类的缓冲作用。土壤中大量存在的碳酸、磷酸、硅酸、腐殖酸及其盐类，它们构成一个良好的缓冲体系，可以起到缓冲酸或碱的作用。三是两性物质的缓冲作用。土壤中的蛋白质、氨基酸、胡敏酸等都是两性物质，既能中和酸又能中和碱，因此具有一

定的缓冲作用。

土壤缓冲性能在生产上有重要作用。由于土壤具有缓冲性能，使土壤 pH 在自然条件下不会因外界条件改变而剧烈变化，土壤 pH 保持相对稳定，有利于维持一个适宜植物生活的环境。生产上采用增施有机肥料及在沙土中掺入塘泥等办法，来提高土壤的酸碱缓冲能力。

(3)土壤吸收性。是指土壤中由于土壤胶体、腐殖质的存在，土壤能吸收和保持土壤溶液中的分子、离子、悬浮颗粒、气体($CO_2$、$O_2$)以及微生物的能力。

根据土壤对不同形态物质吸收、保持方式的不同，可分为五种类型。

①机械吸收：是指土壤对进入土体固体颗粒的机械阻留作用。

②物理吸收：是指土壤对分子态物质的吸附保持作用。

③化学吸收：是指易溶性盐在土壤中转变为难溶性盐而保存在土壤中的过程，也称化学固定。

④离子交换吸收：是指土壤溶液中的离子与土壤胶粒表面扩散层中的离子进行交换后而保存在土壤中的作用，又称物理化学吸收作用。

⑤生物吸收：是指土壤中的微生物、植物根系以及一些小动物，可将土壤中的速效养分吸收保留在体内的过程。

阳离子交换作用是指土壤溶液中的阳离子与土壤胶粒表面扩散层中的阳离子进行交换后而保存在土壤中的作用。土壤中常见的交换性阳离子有 $Fe^{3+}$、$Al^{3+}$、$H^+$、$Ca^{2+}$、$Mg^{2+}$、$NH_4^+$、$K^+$、$Na^+$ 等。土壤中阳离子交换量大，则土壤保肥力强，较耐肥；阳离子交换量小，土壤保肥力差，则施肥时不能一次大量施，而应遵循“少吃多餐”的原则，少量多次施，以避免土壤脱肥或肥料流失。

调节交换性阳离子组成，酸性土壤通过施用石灰或草木灰，碱性土壤施用石膏，可增加钙离子浓度，从而增强离子交换性。

**(二)资料准备**

(1)图书馆或资料室。利用现有的图书馆或资料室以及报刊，查找有关土壤物理性质、化学性质等方面的资料；

(2)网络或技术资源。利用电脑、WiFi 或调查当地农业部门、走访农技人员了解当地土壤的耕性、酸碱性及对当地植物生产的影响情况；

(3)教师准备的资料单。土壤孔隙性、土壤结构性、土壤耕性、土壤酸碱性、土壤缓冲性和土壤吸收性等方面相关文章和当地农业生产的相关资料。

## 二、项目设计与实施

### (一)项目任务设计

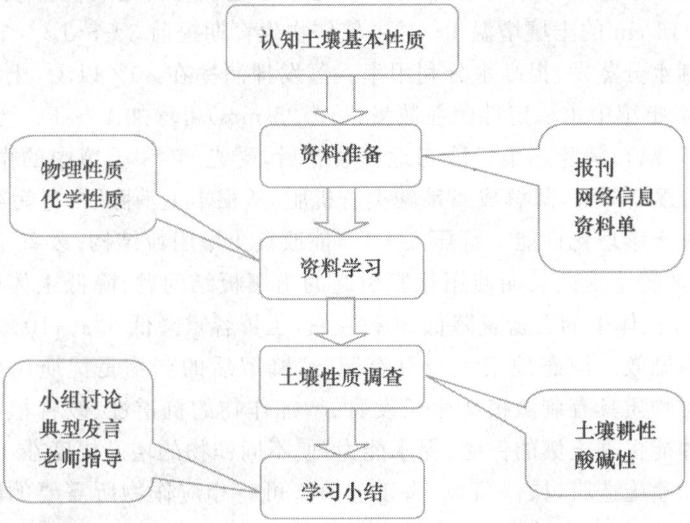


### (二)项目任务实施

1.在教师的指导下,学习土壤物理性质(孔隙性、结构性、耕性)、土化学性质(酸碱性、缓冲性、吸收性)等知识。

2.对当地土壤的耕性、酸碱性及对植物生产影响情况进行调查,写出调查报告。

3.学习小结。

(1)每人写一份学习总结。

(2)小组讨论,分享每个组员的调查报告。

(3)每组选一个代表在全班做典型发言,讲解小组的学习方法、学习收获和调查结果,教师对调查情况进行总结,对小组讨论、学习情况进行评价。

## 三、知识拓展

### 液态地膜

液态地膜具有塑料地膜的吸热增温、保墒、保苗作用,又有强效的黏附能力,可将土粒连接成理想的团聚体,提高土壤微粒的毛管作用,改善土壤的通透性,成为土壤改良剂。在改善作物生长环境的同时，既提高了土壤的有机质，保护了土地，又解决了“白色污染”问题。

液态地膜主要性能：

(1)提高土壤温度，增加有效积温。喷施液态地膜可在地表面形成一层黑褐色土膜，使5～15 cm的土壤增温1～4℃，使作物生育期提前3～5 d。

(2)抑制水分蒸发，提高水分利用率。蒸发抑制率在30%以上，土壤含水量提高20%以上，土壤中水稳定性团粒数量(>0.25 mm)可增加10%以上。

(3)自然降解，消除污染。液态地膜喷施后，受光、热和土壤中的微生物作用，在90 d左右逐渐降解，降解成腐殖酸类有机肥，从根本上消除“白色污染”。

(4)改善土壤理化性能。翻压入土后，能改良土壤团粒结构，改善土壤通透性；还可以有效改善土地因长期使用化肥引起的土壤板结问题；降低土体中的盐分含量，0～50 cm土体中的含盐量降低50%左右，土壤容重降低6%～10%。

(5)提高肥效。液态地膜本身具有肥效，降解后的产物是优质腐殖酸类有机肥，腐殖酸类物质具有刺激植物生长发育、增加作物的抗逆性、改善植物的营养状况等功效，并能提高土壤的保肥、保水能力，使不同作物的增产幅度在15%左右。

(6)现场喷施造膜，操作简单，省工省时。可将相应作物所需要的除草剂掺混到液体膜中一起喷施。喷施后，作物可以自然出苗，不用人工引苗放苗，节省劳动力，且对地形地貌适应能力强。

液态地膜广泛用于棉花、花生、蔬菜、烟草、玉米、大豆、小麦、红薯、大蒜、生姜、瓜果等作物的早期覆盖和盐碱地的改良、道路护坡防渗、固沙造林、树木防冻等领域。

# 任务三　土壤资源开发与保护

## 子任务一　观察土壤剖面与土壤肥力调查

### 一、学习准备

#### (一)知识准备

1. 土壤剖面的概念

土壤剖面的概念是指从地表向下挖掘所裸露的一段垂直切面,深度一般在 2 m 以内。通常由人工挖掘而成,供观察和研究土壤形态特征用。因修路、开矿或兴修水利设施时显露的土壤垂直断面称自然剖面。土壤剖面形态是土壤内部性质的外在表现,是土壤成长历史的记述。不同类型的土壤具有不同的剖面特征。对土壤剖面的观察是认识土壤、利用土壤和改良土壤的基础。

2. 土壤剖面的构型

(1)自然土壤剖面。由于自然条件和发育时间、程度的不同,土壤剖面构型差异很大,发育完好的自然土壤剖面一般分为 4 个层次:覆盖层(O 层)、淋溶层(A 层)、淀积层(B 层)、母质岩(C 层)、母岩(R 层),如图 3-3 所示。

(2)旱耕土壤剖面。旱耕土壤受人类耕作栽培的影响,剖面发育为耕作层(A)、犁底层(P)、心土层(B)、底土层(G)。因此,剖面的典型结构为:A-P-B-G。土壤厚度为 A、P、B 层厚度之和,如图 3-4 所示。

(3)水耕土壤剖面。水耕土壤受人类水耕熟化的影响,剖面发育为耕作层(A)、犁底层(P)、潴育层(W)、潜育层(G)。因此,剖面的典型结构为:A-P-W-G。土壤厚度为 A、P、W 层厚度之和。如图 3-5 所示。

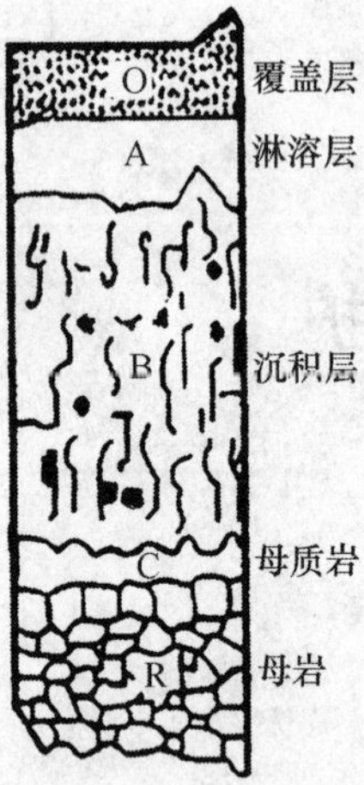


图 3-3　自然土壤剖面

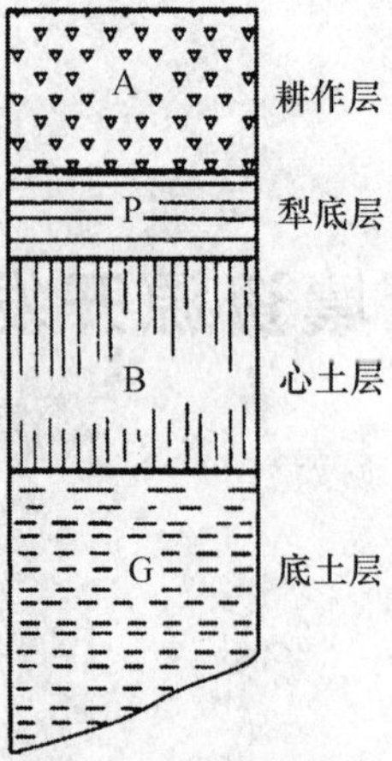


图 3-4　旱耕土壤剖面

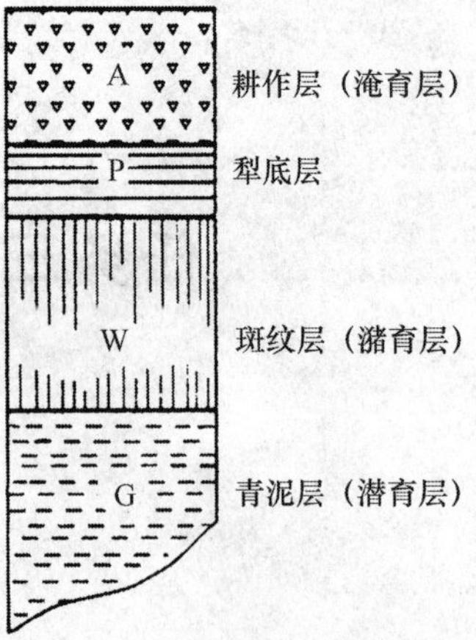


图 3-5　水耕土壤剖面

### (二)仪器和材料准备

铁锹、土铲、锄头、剖面刀、钢卷尺、铅笔、调查表、放大镜、海拔仪、白瓷比色盘、10%盐酸、酸碱混合指示剂、蒸馏水、赤血盐。

## 二、项目设计与实施

### (一)项目任务设计

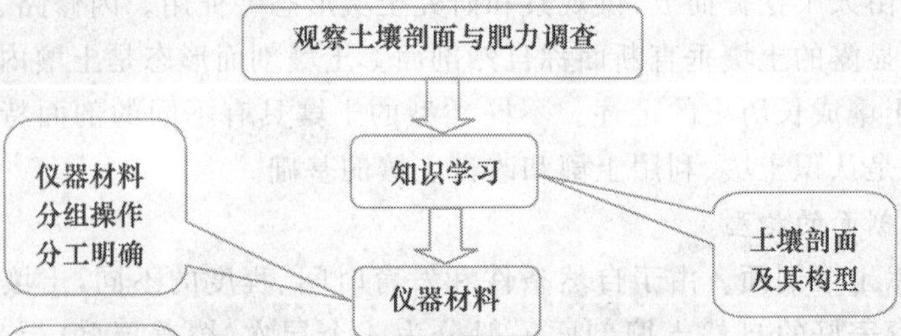

## (二)项目任务实施

1. 土壤剖面的设置

根据调查目的选择剖面点，选点位置应具有代表性，避免选在沟渠边、路旁、村庄、粪堆等人易干扰的地段。对某类土壤来说，只有在成土因素一致的地段上设置剖面点，并排除农业利用情况、存在的主要障碍因素等，才能准确反映出土壤的各种性状。

2. 土壤剖面挖掘

剖面的大小要根据调查的目的而定。剖面的规格一般长 1.5 m，宽 0.8 m，深度要看具体情况和研究目的而定，一般为 1.0～1.5 m，要达到母质层或地下水即可。观察面要垂直向阳，而另一端要做成阶梯，以便下坑观察，如图 3-6 所示。

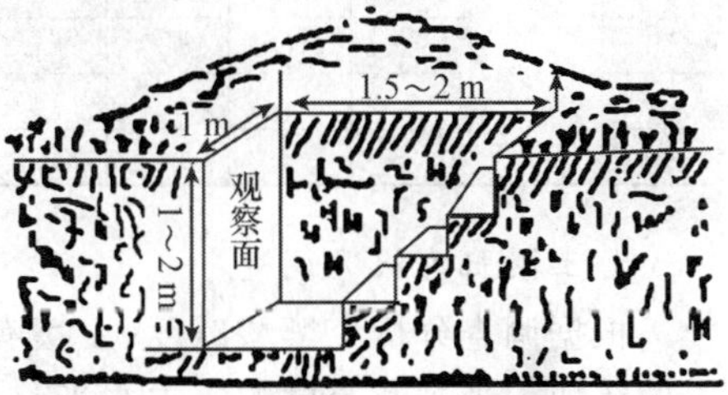


图 3-6　土壤剖面挖掘示意图

3. 剖面观察与土层划分

观察剖面时，一般要先在远处看，这样容易看清全剖面的土层组合，然后走近仔细观察，并根据各个剖面的质地、颜色、结构、紧实度、根系分布等的变化，结合环境因素，具体划分出各个发生层次。最后填写土壤剖面记载表，如表 3-11 所示。

表 3-11　土壤剖面记载表

<table>
<tr><td>土壤编号</td><td colspan="5"></td><td colspan="2">土壤名称</td><td colspan="3"></td></tr>
<tr><td>时间</td><td colspan="5"></td><td colspan="2">地点</td><td colspan="3"></td></tr>
<tr><td rowspan="2">土壤剖面环境</td><td>地形</td><td>海拔</td><td>成土母质</td><td>自然植被</td><td>农业利用方式</td><td>灌溉方式</td><td>排水条件</td><td>地下水位</td><td>地下水水质</td><td>侵蚀情况</td></tr>
<tr><td></td><td></td><td></td><td></td><td></td><td></td><td></td><td></td><td></td><td></td></tr>
<tr><td rowspan="2">土壤生产性能</td><td>耕作制度</td><td>产量水平</td><td>施肥水平</td><td>肥力等级</td><td colspan="2">耕作性能</td><td colspan="2">障碍因素</td><td colspan="2">作物生长表现</td></tr>
<tr><td></td><td></td><td></td><td></td><td colspan="2"></td><td colspan="2"></td><td colspan="2"></td></tr>
</table>

4. 土壤性状的观察和记载

在记录剖面特征前，应先记录环境条件，并进行一些理化性质的速测。记载项目和判定标准如表 3-12 所示。

表 3-12 土壤性状观察记载表

| | 土壤剖面图 | 层次代号 | 深度/cm | 质地 | 新生体 | | | 孔隙度 | 紧实度 | 植物根系 | 侵入体 |
|---|---|---|---|---|---|---|---|---|---|---|---|
| | | | | | 类别 | 形态 | 数量 | | | | |
| 10 | | | | | | | | | | | |
| .. | | | | | | | | | | | |
| 80 | | | | | | | | | | | |
| | | 层次代号 | 深度/cm | 亚铁反应 | 石灰反应 | pH | 全氮/% | 有机质/(g/kg) | 碱解氮/(mg/kg) | 速效钾/(mg/kg) | 速效磷/(mg/kg) |
| 10 | | | | | | | | | | | |
| .. | | | | | | | | | | | |
| 80 | | | | | | | | | | | |

5. 土壤肥力状况调查

根据调查分析土壤酸碱度、土壤有机质、土壤全氮、土壤有效磷、土壤孔隙度、土壤质地等来判断土壤的肥力水平。

### (三)注意事项

(1)剖面点的选择一定要具有代表性。

(2)挖掘时应将表土堆于一侧,下层土壤堆于另一侧,两端不应堆土,以免破坏表层结构,影响剖面的研究。在垄作田要使剖面垂直垄作方向,使剖面能同时看到垄背和垄沟部位表层的变化。

(3)应特别注意耕作层、特殊层次、障碍层次出现的深度、厚度和危害程度,以及地下水位深度的记载。

### (四)任务小结

(1)每小组写出一份实验报告,并对本组工作做出全面评价。

(2)每小组选一个代表在全班发言,总结实验过程中的得失。教师参与讨论过程并及时给予指导,对各组进行评价。

# 子任务二 认识我国主要农业区土壤类型及特点

## 一、学习准备

### (一)知识准备

1. 我国土壤资源概况

土壤是农业的基础,土壤资源是人类生存最基本、最重要、不可替代的自然资源。我国土壤资源主要有以下四个基本特点：

(1)绝对数量大、人均占有量少。中国耕地约 13 515.85 万 $hm^2$，人均仅 0.93 $hm^2$，不到世界人均耕地面积的一半。

(2)类型复杂多样、耕地面积小。山地、高原、丘陵、盆地、平原等各类地形交错分布。在陆地面积中，耕地占 13.7%。

(3)利用情况复杂，生产力地区差异明显。例如，在广阔的东北平原上，汉民族多利用耕地种植高粱、玉米等杂粮，而朝鲜族则多种植水稻。山东的农民种植花生经验丰富，产量较高，河南、湖北的农民则种植芝麻且收益较好。

(4)分布不均，保护和开发问题突出。我国耕地主要分布在东部季风区的平坦和盆地地区。我国西部地区耕地面积小，分布零星。土壤质量退化、土地浪费、农用地的减少情况突出。

2.我国主要土壤的分布规律

我国的土壤类型在自然环境的综合作用下，呈现明显的地带性和区域性分布的特点，如表 3-13 所示。

**表 3-13　我国土壤分布规律**

| 分布类型 | 分布规律 |
|---|---|
| 纬度地带性分布 | 随纬度不同，自北向南土壤类型成规律性更替。东部湿润区由北向南土壤水平分布：暗棕壤(黑龙江、吉林大小兴安岭和长白山地区)-黑土和黑钙土(东北松嫩平原和三江平原)-棕壤(辽东半岛等)-黄棕壤(苏、皖、鄂、湘等省)-黄壤和红壤(长江以南)-赤红壤和砖红壤(南岭以南) |
| 经度地带性分布 | 随经度不同，自东向西土壤类型成规律性更替。内陆干旱区，由东向西分布：黑钙土-栗钙土-棕钙土-灰钙土-荒漠土；由东北大兴安岭向西南至黄土高原分布：黑土-黑钙土-栗钙土-褐土-黑垆土 |
| 垂直地带性分布 | 土壤随海拔高度增加呈现分布的规律性。暖温带湿润区分布是棕壤-山地棕壤-山地暗棕壤；半湿润区是垆土-山地褐土 山地淋溶褐土-山地棕壤-山地暗棕壤-山地草甸土；珠穆朗玛峰由下向上分布的土壤类型是红黄壤-山地黄棕壤-山地酸性棕壤-山地漂灰土-黑毡土与草毡土-高山寒漠土-冰雪线 |
| 区域性分布 | 在地带性土壤分布规律的基础上，由于受地形、地质、水文等自然因素的影响，其土壤类型有别于地带性土壤类型，显示出土壤的区域性。也称非地带性分布。按区域面积分为中域或微域 |

3.我国主要土壤类型的分布与成土特点

我国土壤资源极其丰富，其成土过程与特征存在显著差异。现将我国部分重要土壤类型的分布与成土特点总结如表3-14所示。

表3-14 我国部分土类的分布与主要性质

| 土类 | 分布 | 主要性质和特点 |
| --- | --- | --- |
| 红壤 | 中亚热带常绿阔叶林 | 中度脱硅富铝风化，黏粒中游离铁占全铁的50%～60%，深厚红色土层。盐基饱和度<35%，pH 4.5～5.5，生长柑橘、油桐、油茶、茶等 |
| 黄壤 | 亚热带温润常绿阔叶林 | 呈黄色，中度富铝风化，土壤有机质累积较高，可达100 g/kg，pH 4.5～5.5。多为林地，间亦耕种 |
| 黄棕壤 | 北亚热带暖湿落叶阔叶林 | 弱度富铝风化，黏化特征明显，呈红棕色黏土。pH 5.5～6.0，透性差，保水力强 |
| 黄褐土 | 北亚热带丘陵岗地 | 土体中游离碳酸钙不存在，土色灰黄棕，在底部可散见圆形石灰结核。黏化淀积明显，pH 6.0～6.8，底层pH 7.5，盐基饱和度由表层向底层逐渐趋向饱和 |
| 棕壤 | 湿润暖温带落叶阔叶林 | 具有黏化特征的棕色土壤，土体见黏粒淀积，pH 6～7，见少量游离铁。土质黏重，耕性不良，山地多森林覆盖 |
| 褐土 | 暖温带半湿润、半干旱区 | 具有黏化与钙质淋移淀积的土壤，有明显黏淀层与假菌丝状钙积层。呈棕色，pH 7～7.5，盐基饱和度达80%以上 |
| 黑土 | 温带半湿润草甸草原 | 具深厚腐殖质层的无石灰性黑色土壤，均腐殖质层厚30～60 cm，有机质含量一般为30～60 g/kg，盐基饱和度高，pH 6.5～7.0 |
| 砂姜黑土 | 成土母质为河湖沉积物 | 经脱沼与长期耕作形成，底土中见砂姜聚集，上层见面砂姜，底层可见砂姜瘤与砂姜盘，质地黏重 |
| 碱土 | 干旱地区 | 土壤黏粒下移累积，坚实板结pH 9～10，表层质地轻，见蜂窝状空隙 |
| 水稻土 | 长期淹灌脱水、水下耕翻 | 由于干湿交替，形成糊状淹育层，较坚实板结的犁底层、渗育层、潴育层与潜育层多种发生层 |
| 风沙土 | 半干旱、干旱漠境及滨海地区 | 由于成土时间短暂，无剖面发育，反映了沙流动堆积与固定的不同阶段 |

**(二)资料准备**

(1)图书馆或资料室。利用现有的图书馆或资料室以及报刊,查找有关土壤资源、土壤分布规律和土壤类型及特点等方面的资料;

(2)网络或技术资源。利用电脑、WiFi或调查当地农业部门、走访农技人员查找当地主要土壤分布规律及耕作特点等方面资料;

(3)教师准备的资料单。当地地理位置、主要土壤分布规律、土壤成土特点、主要土壤利用情况等方面相关文章和当地农业生产的相关资料。

## 二、项目设计与实施

**(一)项目任务设计**

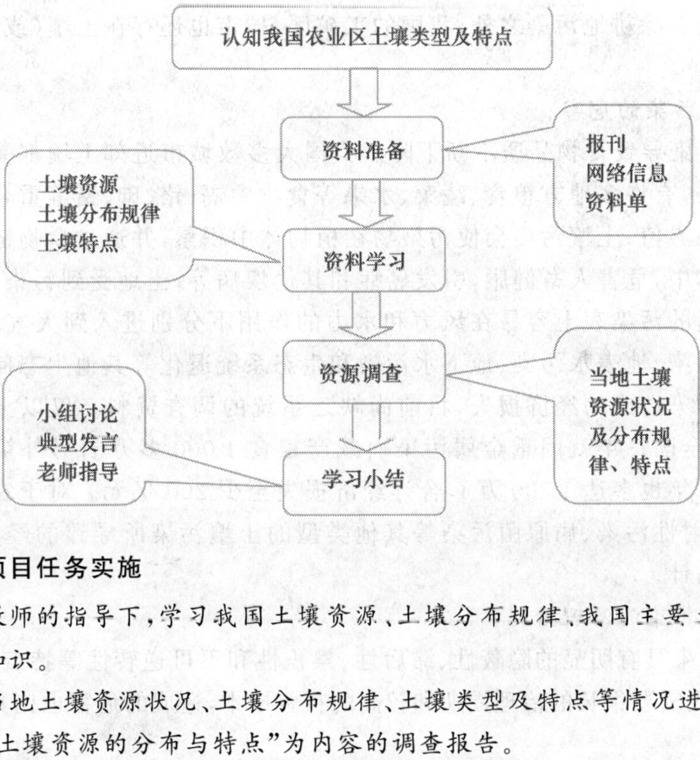


**(二)项目任务实施**

1. 在教师的指导下,学习我国土壤资源、土壤分布规律、我国主要土壤的分布及特点等知识。

2. 对当地土壤资源状况、土壤分布规律、土壤类型及特点等情况进行调查,写出以"当地土壤资源的分布与特点"为内容的调查报告。

3. 学习小结。

(1)每人写一份学习总结。

(2)小组讨论,分享每个组员的调查报告。

(3)每组选一个代表在全班做典型发言,讲解小组的学习方法、学习收获和调查结果，教师对调查情况进行总结，对小组讨论、学习情况进行评价。

## 三、学习拓展

### 我国土壤污染状况及改良措施

1.我国土壤污染现状

土壤污染大致可分为：重金属污染、农药和有机物污染、放射性污染、病原菌污染等多种类型。

据报道，目前我国受镉、砷、铬、铅等重金属污染的耕地面积近 2 000 万 $hm^2$，约占总耕地面积的 1/6；其中工业“三废”污染耕地 1 000 万 $hm^2$，污水灌溉的农田面积已达 330 多万 $hm^2$。另一方面，全国有 1 300 万～1 600 万 $hm^2$ 耕地受到农药的污染。除耕地污染之外，我国的工矿区、城市也还存在土壤（或土地）污染问题。

2.土壤污染的危害

土壤污染导致食物品质不断下降。我国大多数城市近郊土壤都受到了不同程度的污染，有许多地方粮食、蔬菜、水果等食物中镉、铬、砷、铅等重金属含量超标或接近临界值；土壤污染会使污染物在植物体中积累，并通过食物链富集到人体和动物体中，危害人畜健康，引发癌症和其他疾病等；土地受到污染后，含重金属浓度较高的污染表土容易在风力和水力的作用下分别进入到大气和水体中，导致大气污染、地表水污染、地下水污染和生态系统退化等其他生态问题。对于各种土壤污染造成的经济损失，目前尚缺乏系统的调查资料。仅以土壤重金属污染为例，全国每年就因重金属污染而减产粮食 1 000 多万 t，另外被重金属污染的粮食每年也多达 1 200 万 t，合计经济损失至少 200 亿元。对于农药和有机物污染、放射性污染、病原菌污染等其他类型的土壤污染所导致的经济损失，目前尚难以估计。

3.土壤污染的治理措施

土壤污染具有明显的隐蔽性、滞后性、累积性和不可逆转性等特点，土壤一旦受到污染，则需要很长的治理周期和较高的投资成本，造成的危害也比其他污染更难消除。

（1）污染土壤的生物修复方法。土壤污染物质可以通过生物降解或植物吸收而被净化。如蚯蚓是一种能提高土壤自净能力的动物，利用它还能处理城市垃圾和工业废弃物以及农药、重金属等有害物质。

（2）污染土壤治理的化学方法。对于重金属轻度污染的土壤，使用化学改良剂可使重金属转为难溶性物质,减少植物对它们的吸收。

(3)增施有机肥料。增施有机肥料可增加土壤有机质和养分含量,既能改善土壤理化性质特别是土壤胶体性质,又能增大土壤容量,提高土壤净化能力。

(4)调控土壤氧化还原条件。调节土壤氧化还原状况在很大程度上影响重金属变价元素在土壤中的行为,能使某些重金属污染物转化为难溶态沉淀物,控制其迁移和转化,从而降低污染物危害程度。

(5)改变轮作制度。改变耕作制度会引起土壤条件的变化,可消除某些污染物的毒害。据研究,实行水旱轮作是减轻和消除农药污染的有效措施。

(6)换土和翻土。对于轻度污染的土壤,采取深翻土或换无污染的客土的方法。对于污染严重的土壤,可采取铲除表土或换客土的方法。

## 子任务三 改良和利用土壤

### 一、学习准备

#### (一)知识准备

1.高产田的特征

最本质的特征是具有优良的肥力状况。高产肥沃土壤的性状也不尽相同,但与本地区一般土壤比较应具有以下特征:

(1)适宜的土壤环境。平原区要园田化、方田化,山区要梯田化。

(2)良好的土体构造。是指土壤剖面层次的厚度和质地的组合适宜。旱地土壤一般上虚下实,耕作层疏松、深厚、质地较轻;心土层较坚实,质地适当偏黏,上下土层密切配合。水田松软肥厚、耕作层滞水又透水,犁底层适度发育,心土层通气透水好。

(3)适量协调的土壤养分。具有较适量的有机态和矿质态养分,供肥强度高,肥效稳而长。

(4)良好的物理性状。质地适中、结构良好,固、液、气三相比例适当,通透性好,蒸发弱,蓄水性强,有良好的水汽热状况。

(5)微生物数量多、无污染。土壤微生物活动越强,土壤有机质的转化速率越大,有效养分的供应就越好。另外,高产肥沃土壤中的重金属离子、有机污染物含量少,不超标且没有污染源。

2.高产田的土壤培育措施

培育高产肥沃土壤的基本措施有以下几方面：

(1)加强农田水利建设，合理灌排。灌溉和排水要全面配套，不可偏废，做到能适时适量地按需供水、均匀灌水、节约用水。

(2)科学施肥，增施有机肥料。坚持以有机肥为主、化肥为辅、有机无机相配合的原则，坚持配方施肥、平衡施肥等。

(3)合理轮作，用养结合。轮作可使土壤中的养分、水分得到合理利用，充分发挥生物养地、培肥增产、减少病虫害的良好作用。

(4)深耕改土，客土改土。以深耕为中心的耕、耙、耱、压等耕作措施，可加速生土熟化，改善土壤结构和耕性，提高地力。进行客土改土，可改善土壤结构，提高土壤肥力。通过沙掺黏、黏掺沙等客土方法，改变土壤通透性，进而提高土壤肥力。

3.旱坡地土壤的改良与利用

旱坡地土壤主要有流、旱、瘦、粗、薄、酸等特点，这些特点构成了此类土壤低产的基本因素。旱坡地土壤的改良概括起来有两个方面：一是采取防止水土流失的水保措施；二是采取培肥措施。具体可从以下几方面入手：

(1)植树造林。是治理坡地的根本措施。一方面它可以改善和调节小气候，另一方面可以防止雨水对地面的冲击，吸收、调节地表径流和涵养水源，并有改土培肥的作用。

(2)加大农田基本建设。农田基本建设主要有两方面：一是实施坡面工程措施，防止地表径流的发展，改坡地为梯地。如等高沟埂、梯田、治沟保坡等技术。二是发展灌溉，改进灌溉措施，实现农业水利化，提高旱坡地土壤肥力。如发展滴灌和喷灌等技术。

(3)种植绿肥。绿肥的作用主要表现在保土与提高土壤肥力相结合上。地上部分覆盖地表，减弱了地表径流的强度，降低了雨滴对地表的直接打击力；地下部分可提供大量的有机质，改善土壤胶体品质，增加了土壤的透水和保水能力。

(4)推广旱作种植等新技术。除了传统的耙耱保墒、镇压提墒、深播浅盖、造墒播种、抗旱坑种、育苗移栽等耕作和播种措施外，可根据实际选择适宜的抗旱丰产沟、沟垄种植等种植方法，推广玉米秸秆、麦秸、稻草、地膜等封闭、半封闭覆盖，也可应用保水剂、保墒增温剂和选育高产抗旱新品种等技术。

4.盐碱土的改良与利用

盐碱土是对盐土、碱土以及各种盐化和碱化土的统称。我国约 667 万 $hm^2$ 盐碱耕地，主要分布于黄淮海平原、东北西部平原、黄河河套平原、西北内陆区和东部沿海地区。盐碱土是今后发展农业生产潜力较大的一种土壤资源。

形成盐碱土要有两个条件：一是气候干旱和地下水位高（高于临界水位）；二是地势低洼，没有排水出路。针对此特点一般采用以下几种措施进行改良：

(1)水利措施。主要是通过排水，把地下水位降在临界深度以下，切断土壤盐分来源。在地下水位较高，而地下水矿化度较低的地区，可以多打机井，用机井进行灌溉，不仅可以洗掉上部土层中的盐分，而且还可以使地下水位大大降低，起到较好的改良效果。在地下水矿化度较高，但排水系统完善的地区，可以用地表积累的淡水进行灌溉从而达到灌溉洗盐的目的。

(2)耕作、改土措施。耕作改良是我国盐碱地区人民在长期的生产实践中总结出的改良盐碱地的成功经验，主要包括深翻深耕、适时耕耙、平整土地等措施；增施有机肥，有机质分解过程中产生的有机酸，既能中和碱性，又能使土壤中的钙活化，是增加土壤有机质，改良和培肥盐碱地的重要措施；此外，还可结合当地实际采取引洪放淤、客土压沙、挖斑换土等措施，均可收到明显的防盐改碱效果。

(3)生物措施。通常主要有两种：一是种植绿肥牧草。如在较重的盐碱地上，可选择耐盐碱强的田菁、紫穗槐等；轻至中度盐碱地可以种草木樨、苕子、黑麦草等；盐碱较轻的地，则可以种豌豆、蚕豆、紫云英等经济作物。二是植树造林、改善生态环境。要选择耐盐的树种，如洋槐、杨、柳、榆、桑、紫穗槐、白蜡条、酸刺、宁夏枸杞等。

(4)化学措施。主要是针对重盐碱化的土壤，可适当施用一些化学物质。如石膏、硫酸铁、硫黄、亚硫酸钙；也可以应用腐殖酸类改良剂、土壤抑盐剂等化学物质。

5.冷浸田的改良和利用

低产水田多分布在南方各省，基本占到水田面积的1/5～1/3，是限制农业生产的一大主要障碍。冷浸田是长江以南地区水田中最主要的、占比重最大的一种低产田。其改良和利用措施主要有：

(1)水利措施。改良冷浸田主要是修“一塘”（在地形适当的山坑顶部修建山塘小水库，蓄水供灌溉用），开“三沟”（防洪沟、排水沟和灌溉沟），以达到防止山洪、排除积水、消灭串灌的目的。排水沟中的水，经过氧化除去毒质升温后，可以作为灌溉水。

(2)施肥措施。增施有机肥不仅增加土壤养分，而且能改善土壤结构，提高地温、微生物活性和保水保肥性；施用石灰也有显著的增温、改善结构、降低土壤酸性等综合作用；巧施磷肥改土增产效果也非常明显。对粗沙田要经常补施各种速效氮磷钾肥料，要勤施浅施，以免肥料流失和肥劲过猛。

(3)耕作措施。冷浸田冬翻晒白能改善土壤的通气性和渗漏性，不仅利于土壤结构的形成，还能促使还原性物质的氧化，减轻其毒害，促进土壤有机质的分解和某些迟效养分的转化，使土壤的理化、生物性质都能得到很好地改善。

(4)合理轮作。经过开沟排水等改造后的冷浸田，应选择油菜、小麦、绿肥等旱作物，实行水旱轮作，如早稻—晚稻—油菜、早稻—晚稻—绿肥(紫云英、苕子)、早稻—晚稻—小麦等，用地又养地，提高土地的利用率。

6.风沙土的改良与利用

风沙土主要分布在我国北部干旱和半干旱地区，横跨黑龙江、辽宁、陕西、宁夏、甘肃、青海、新疆等省(自治区)，构成我国著名的“三北”风沙区。此外在华北平原黄河沿岸、黄河故道及我国沿海地带也有分布。

风沙土改良原则应突出于“固”(防风固沙)，立足于“改”(改良质地、结构)，着重于“肥”(培肥土壤)，主要采取以下措施：

(1)植物固沙措施。主要是种树种草，保护植被，利用植物固定流沙，改善农田小气候和生态环境，减少危害。一是要保护好现有植被，严禁滥垦滥伐、过度放牧，防止再度沙化。二是大力开展植树种草。在条件较好的地区，要因地制宜地进行总体规划，实行草灌乔果等相结合，改良与利用相结合。

(2)工程治沙措施。在水利条件较好的地区，可利用引水渠道、拦河堤坝、塘坝、水库等水利工程，进行引水拉沙、引洪淤灌，以改善风沙土不良的质地、水分状况等；在水分条件极差、风蚀极严重、植物难以生长的沙害地区，要制止沙丘移动，必须采用柴草、黏土、板条、卵石等设置机械沙障，并与植物固沙相互配合。

(3)改土培肥措施。针对风沙土沙性大、结构差、养分低、干旱风蚀等特点，除了通过增施有机肥、扩种深根绿肥、合理倒茬等方法外，应重点抓好改土培肥。通过客土改沙、引洪漫淤、引水拉沙等措施，变沙田为良田。

**(二)资料准备**

(1)利用图书馆、资料室和网络资源，查找当地土壤的养分含量状况、分布情况及高低产土壤的种类、分布和利用等方面的信息资料；对比本省(市)和其他省市，比较当地土壤存在的优势和不足。

(2)教师准备的资料单：关于当地土壤的类型、分布、特点、改良措施及前景等方面相关文章和资料。

## 二、项目设计与实施

### (一)项目任务设计

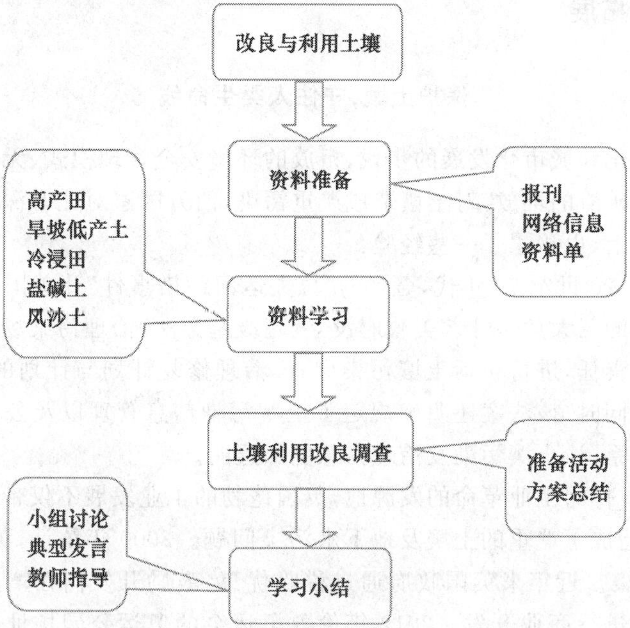


### (二)项目任务实施

1.在教师的指导下,学习高、低产田的特征、改良利用措施。

2.对当地高、低产土壤的分布、利用现状进行调查。

(1)调查准备。通过图书、杂志、报刊、网络查询等途径,了解当地高、低产田的基本情况。

(2)制订调查方案。以小组为单位制订调查计划,包括时间、地点、调查对象和内容、调查表格设计等。

(3)调查活动。在查阅资料的基础上,按照制订的调查方案,通过走访当地农业管理部门、农业技术人员、农业合作组织负责人、家庭农场主等,实地了解当地高产肥沃土壤的分布、生产基本情况、生产优势、典型经验、存在问题等情况。

(4)调查总结。根据调查结果每组撰写一份以“当地土壤的生产和利用现状”为题目的调查总结。在教师的组织下与同学们交流学习。

3.学习小结。

(1)小组讨论,用集体的智慧完成一份较好的学习收获体会。

(2)每组选一个代表做典型发言,在全班讲解小组的学习方法、学习收获。

(3)教师组织发动全班同学讨论、评价各小组的学习情况,达到全班同学共享学习资源和收获体会,巩固所学的知识内容。

## 三、学习拓展

### 保护土壤,守住人类生命线

随着工业化和城市化发展的步伐,粗放的环境安全管理模式、无序的工业废水排放或泄漏及矿渣的堆放,对土壤造成严重污染,西方国家对此有深刻的教训。在防治土壤污染上,也积累了一些经验:

(1)美国。20 世纪 70 年代,著名的"拉夫运河污染事件"让美国政府及民众认识到土壤污染的巨大危害性。美政府设立《超级基金法》治理污染场地。严格明确土壤污染治理责任,进行包括土壤污染调查、治理修复计划与计划的执行、土地再利用等程序。同时,该法案还明确规定了土壤污染信息管理以及公众参与等一系列配套制度体系,让土壤污染及治理信息更加透明。

(2)英国。作为工业革命的发源地,英国蓬勃的工业发展不仅带来社会经济的发展,同时也造成了严重的土壤及地下水污染问题。2000 年统计,英国有近 30 万 $hm^2$ 土壤受污染。近年来英国政府通过税收优惠,鼓励开发商在增值空间大的城区污染地块上进行商业开发。2012 年伦敦奥运会的奥运公园场址就位于伦敦东部的老工业基地,土壤与地下水污染严重。借奥运之机对土壤污染进行治理,不仅推动了老工业基地的经济发展,还解决了贫困地区的就业问题。

(3)德国。截至 2002 年,德国境内高达 12.8 万 $hm^2$ 土壤受污染,严重阻碍了所在地区的经济发展。政府在防治过程中强调循环思想,认为预防与修复同等重要。目前德国环保部门与农业部门共在全国设立 800 多个监测点,同时,对全国有污染嫌疑的土壤进行排查和风险评估,对重点污染土壤制定治理与技术修复方案并实施。在费用上,原则上"谁污染谁付费"。

【评价反馈】

**(一)自我评价**

1.名词解释

土壤肥力、土壤有机质、土壤质地、土壤耕性、土壤酸碱性

2.填空

(1)______、______、______、______四个因素称为土壤肥力因素。

(2)土壤基本组成包括________、________和________三相。

(3)目前我国将土壤质地分成________、________和______三个基本的质地类别。

(4)土壤有机质主要由________和________组成。

(5)土壤通气性是指土壤空气与大气的交换能力或速率,其交换方式有整体交换和气体扩散。如交换速度快,则土壤的通气性______;反之,土壤的通气性______。

(6)土壤结构体按其大小、形状和发育程度,可分为__________、__________、__________、__________、柱状结构、棱柱状结构、片状结构等。

(7)土壤的化学性质包括________、________、________三个方面。

(8)土壤剖面是指从地表向下垂直挖掘所裸露的一段________,深度一般在____m以内。

(9)我国土壤资源主要有________、________________、利用情况复杂,生产力地区差异明显和______________四个基本特点。

(10)我国的土壤类型在自然环境条件作用下呈现出明显的______地带分布、________地带分布和__________地带分布的特点。

3. 简答题

(1)土壤有机质的作用有哪些?

(2)主要质地土壤的肥力特征和生产特性有哪些?

(3)如何判断土壤耕性好坏?

(4)常见低产田的改良措施有哪些?

**(二)小组评价(附表1)**

**(三)综合评价**

1. 教师评价

(1)对整个学习内容的小结归纳。

(2)对学习过程的总体评价。

教师签名________________

2. 学生评价

(1)对教师授课效果的评价。

(2)对学习效果的评价。

学生签名________________

# 项目四　植物生产与科学用水

任务一　认知水对植物生产的影响

任务二　掌握科学用水方法

【学习目标】

1. 了解土壤水分和空气湿度的概念和意义

2. 熟悉水分对植物生长的影响及植物的需水规律

3. 学会土壤水分与空气湿度的测定方法，掌握调控土壤水分的农业技术措施

【工作任务描述】

本项目分为认知水对植物生产的影响和掌握科学用水方法 2 个任务。通过本项目任务的操作与学习，能让学员了解水与植物生产的关系，掌握科学用水方法；通过不断地经验积累，培养学员熟能生巧的能力、精益求精的精神和善于观察、勤于总结的职业素质。

【内容结构】

# 任务一　认知水对植物生产的影响

## 子任务一　测定土壤水分

### 一、学习准备

#### (一)知识准备

1. 降水

(1)概念和形成原因。降水是指空气中的水汽冷凝以雨、雪、霰、雹等形式降落到地表的液态或固态水。降水形成是云层中水滴或冰晶增长到一定程度,在不断下降的过程中,不因蒸发而导致水分耗尽,降落到地面以后即成为降水。

(2)降水的表示方法。通常用降水量和降水强度表示。

①降水量。是指一定时段内从大气中降落到地面未经蒸发、渗透和流失而在水平面上积聚的水层厚度,用 mm 表示。

②降水强度。是指单位时间内的降水量,用 mm/h 或 mm/min 表示。

2. 土壤水分

(1)土壤水分的存在形态。

①吸湿水。是指土粒表面靠分子引力从空气中吸附的气态水并保持在土粒表面的水分。属无效水。

②膜状水。是指土粒靠吸湿水外层剩余的分子引力从液态水中吸附一层极薄

的水膜。吸湿水和膜状水又合称为束缚水。

③毛管水。是指土壤依靠毛管引力的作用将水分保持在毛管孔隙中的水分，是土壤中最宝贵的水分，也是土壤主要的保水形式，分为毛管悬着水和毛管上升水两种。当毛管悬着水达到最大含量时的土壤含水量叫田间持水量。

④重力水。重力水是指存在于土壤大孔隙中，受到重力作用又能向下移动的水分。

(2)土壤水分的有效性。土壤中的水分，可以被植物吸收利用的水分称有效水；不能被植物吸收利用的水分称无效水。

(3)土壤含水量的表示方法。

①以质量百分数(重量百分数)表示土壤含水量。是以土壤中所含水分重量占烘干土重的百分数表示。

$$土壤含水量(质量)=\frac{水重(g)}{烘干土重(g)}\times 100\%$$

②以容积百分数表示土壤含水量。是以土壤中的水分容积占单位土壤容积的百分数表示，它主要能反映土壤水分占土壤空隙的程度和土壤中水气之间的比例关系。

$$土壤含水量(容积)=土壤含水量(质量)\times 土壤容重$$

③相对含水量。是指土壤含水量(质量)占田间持水量或全蓄水量的百分数，以表示土壤水的相对含量。它说明的是土壤中实际含水量的饱和程度。

④土壤水层厚度。是指一定面积和土层厚度内土壤所含水量相当于此面积下水层厚度的多少，用 mm 表示。

$$水层厚度(mm)=土层厚度(mm)\times 土壤含水量(容积)$$

**(二)仪器和材料准备**

土钻、铝盒、分析天平(感量为 0.001 g 和 0.01 g)、小型电热恒温烘箱、干燥器、无水酒精、量筒、滴定管、火柴、标签。

## 二、项目设计与实施

### (一)项目任务设计

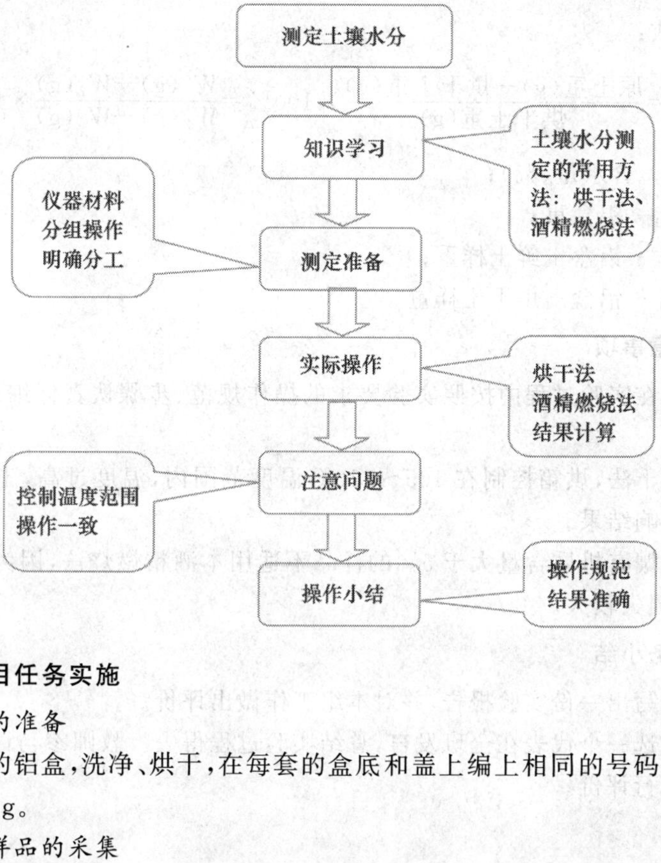


### (二)项目任务实施

1.铝盒的准备

取成套的铝盒，洗净、烘干，在每套的盒底和盖上编上相同的号码，称重($W_0$)，精确到0.01 g。

2.土壤样品的采集

在田间用土钻取有代表性的土样，刮去土钻中的上部浮土，将土钻中部所需深度处的土壤约20 g，捏碎后迅速装入已称重的铝盒内，盖紧带回室内。

3.烘干法

将盛有土样的铝盒外表擦拭干净，在分析天平上称重($W_1$)，精确到0.01 g。揭开盒盖，放在盒底下，置于已预热至(105±2)℃的烘烤箱连续烘干6～8 h，取出盖好，在干燥器中冷却至室温后称重。然后再次放入烘箱中烘干2 h，冷却、称重，重复做2～3次，称重至恒重($W_2$)，前后两次之差小于0.03 g视为恒重。

4.酒精燃烧法

将盛有新鲜土样的大型铝盒外表擦拭干净，在分析天平上称重($W_1$)，准确至

0.01 g。揭开盒盖，放在盒底下，向铝盒内滴加酒精，直到土面全部浸没即可。燃烧酒精，经数分钟熄灭，待样品冷却后，再进行第二次燃烧，一般情况下，样品经3～4 次燃烧后即可达到恒重，立即盖盒盖，放入干燥皿中冷却至室温称重($W_2$)。

5. 实验结果

计算公式：

$$W\%=\frac{\text{原土重(g)}-\text{烘干土重(g)}}{\text{烘干土重(g)}}\times100\%=\frac{W_1(\text{g})-W_2(\text{g})}{W_2(\text{g})-W_0(\text{g})}\times100\%$$

式中：$W$—含水量(%)；

$W_0$—铝盒重；

$W_1$—铝盒＋鲜土样重；

$W_2$—铝盒＋烘干土样重。

**(三)注意事项**

(1)学生在实验过程中按照实验要求的操作规范、步骤认真仔细地完成操作，注意安全。

(2)用烘干法，烘箱控制在 105～110℃温度范围内，温度过高，土壤有机质会碳化散逸，影响结果。

(3)若土壤有机质含量大于 5%的样品不适用本酒精燃烧法，因为样品中的有机质及盐类损失较大。

**(四)任务小结**

(1)每组写出一份实验报告，并对本组工作做出评价。

(2)每组选一个代表在全班发言，总结实验过程得失。教师参与讨论过程并指导，对各组进行评价。

## 子任务二　测定空气湿度

### 一、学习准备

**(一)知识准备**

1. 空气湿度

空气湿度是指空气中所含水汽量和空气潮湿程度的物理量。

(1)空气湿度的表示方法。常用水汽压、绝对湿度、相对湿度、露点温度、饱和差来表示空气的湿度。这里只介绍相对湿度。

相对湿度是指空气中实际水汽压与当时气温下的饱和水汽压之比的百分比。其中水汽压是指空气中水汽所产生的压力。当温度一定时,单位体积空气中所能容纳的水汽量达到最大限度的,即饱和状态,称为饱和水汽压或最大水汽压。

(2)空气相对湿度的时间变化。

①日变化。在大陆内部,相对湿度的日变化与气温日变化相反,一天中相对湿度的最大值出现在日出前后气温最低的时候;最小值出现在气温最高的14～15时。沿海地区相对湿度的日变化表现为日高夜低,与气温日变化一致。

②年变化。一般与气温年变化相反,温暖季节相对湿度较小,寒冷季节相对湿度较大。在季风盛行的地区则与上述情况相反,其最大值出现在夏季的雨季或雨季之前,最小值则出现在冬季。

2.空气湿度对植物生长的影响

(1)空气湿度影响蒸腾作用。空气湿度大,蒸腾作用减弱,降低植物运输矿质营养的能力。

(2)空气湿度影响植物气孔的开闭。空气湿度过大或过小都会导致气孔关闭,植物气孔关闭,$CO_2$不能进入叶肉细胞,光合作用减慢甚至停止。

(3)空气湿度对病虫害发生的影响。若空气湿度过大有利于病菌的繁殖,比如锈病、白粉病、稻瘟病等;若空气湿度过低也易发生虫害,比如玉米大小斑病、红蜘蛛、蚜虫等。

(4)空气湿度对叶片的影响。高湿会使叶面水分凝结,造成叶面细胞破裂,使植株软弱;湿度过低会导致叶面严重失水,出现卷叶、干尖、枯死等现象。

(5)空气湿度对植物的开花授粉的影响。高湿会造成花粉细胞吸水涨裂而死,空气湿度过低会造成花粉细胞失水而降低成活率,影响植物授粉受精。

**(二)仪器和材料准备**

干、湿球温度表、毛发湿度表、最高温度表、最低温度表、小百叶箱、特质支架、水杯、蒸馏水、纱布。

## 二、项目设计与实施

### (一)项目任务设计

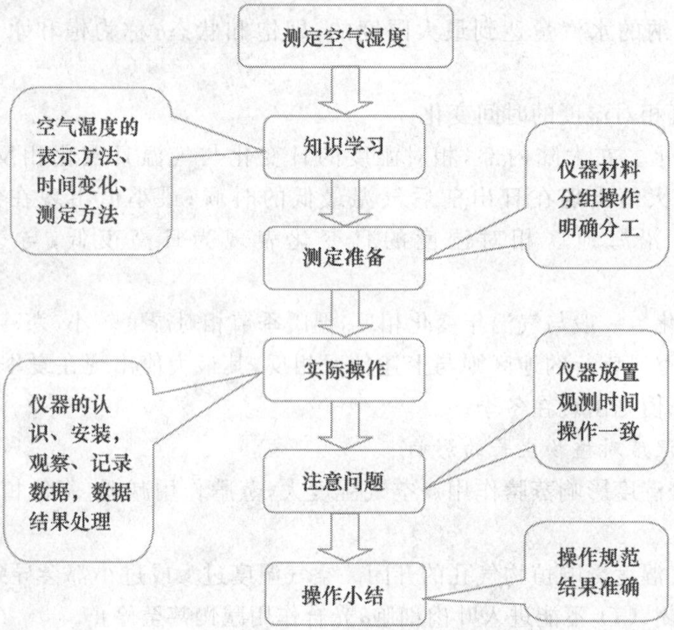


### (二)项目任务实施

1.观察认识普通温度表的构造(见第 167 页图 6-1)

2.准确读数

在读数时，要保持视线与水银柱的顶端位置水平一致，迅速、准确地读出刻度磁板上的数据。先读小数(精确到 0.1℃)，后读整数。

3.干、湿温度表

干、湿温度表是由两支型号和大小完全相同的普通温度表组成。其中一支球形感应部位包扎着长 10 cm 吸水性能良好的脱脂纱布，并将纱布浸入盛有蒸馏水的水杯中，使其保持湿润的温度表，称湿球温度表。另一支不包纱布的普通温度表，称干球温度表，如图 4-1 所示。

4.安置实验器材

(1)百叶箱和干、湿球温度表的安装参照图 6-5。

(3)在干、湿温度表的支架中部，悬挂毛发湿度表(当气温低于－10℃时，湿球温度表不能使用，需换毛发湿度表测定空气的相对湿度)。

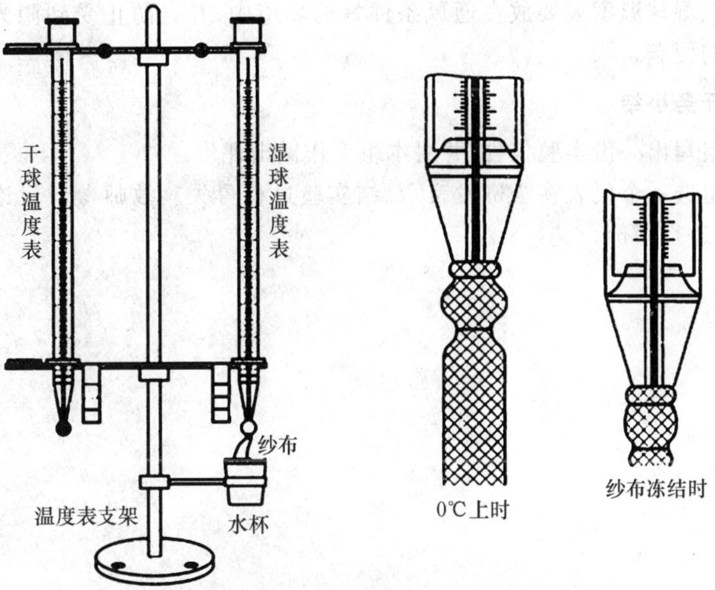


图 4-1　干、湿球温度表

5. 实验结果

(1)观察记录数据。观察干湿球温度表的读数,并记录在表 4-1 中。如果湿球温度计纱布结冰后,用溶冰观测,把水杯取回室内,并从纱布球部以下 2～3 mm 处剪断(图 4-1);一般在观测前 20～30 min,带一杯室温的蒸馏水,将湿球纱布浸入水杯中,待冰全部融化后,移开水杯,并将纱布头上的水滴除去,待湿球示度稳定后,读数记录。

(2)查表计算。通过附表 2 查得空气相对湿度。

表 4-1　干、湿球温度表记录表

地点＿＿＿＿＿＿＿＿　环境特征＿＿＿＿＿＿＿＿　℃

| 时间(年月日时分) | 干球温度表 | | | 湿球温度表 | | | 干、湿球温度差值 | 观察者 |
|---|---|---|---|---|---|---|---|---|
| | 第一遍 | 第二遍 | 订正后 | 第一遍 | 第二遍 | 订正后 | | |
| | | | | | | | | |

## (三)注意事项

(1)干、湿球温度表安装时,要确保两支普通温度表齐平。

(2)定时更换纱布和蒸馏水,确保其洁净。

(3)干、湿球温度表要放在通风条件好的环境中,并且防止受到阳光的直接照射或雨雪的侵袭。

**(四)任务小结**

1. 每组写出一份实验报告,并对本组工作做出评价。

2. 每组选一个代表在全班发言,总结实验过程得失。教师参与讨论过程并指导,对各组进行评价。

# 任务二　掌握科学用水方法

## 一、学习准备

### (一)知识准备

1. 水分对植物的影响

一是原生质的主要成分,它使原生质呈溶胶状态,从而保证了新陈代谢旺盛的进行;二是新陈代谢过程的反应物质;三是植物对物质吸收和运输的溶剂;四是能保持植物体的固有状态,使植物体的枝叶挺立;五是能调节植物体的体温,保证植物体在强烈的光照下,不致被阳光灼伤。

2. 植物对水分的吸收代谢

植物对水分的吸收代谢,一是通过根系吸收水分;二是通过植株蒸腾作用散失水分,如图 4-2 所示。

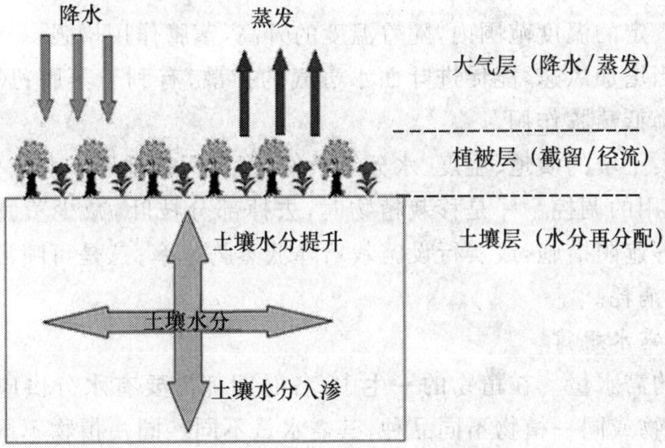


图 4-2　植物对水分的吸收代谢

(1)根系吸收水分。植物根系是植物吸收水分的主要器官，其主要吸水区域是根毛区。影响根系吸水的主要因素有：

①土壤水分。植物所吸收的水分是土壤中的有效水分。当干旱时，土壤中的有效水含量降低，植物会发生萎蔫，严重时会导致植物永久萎蔫现象。

②土壤通气状况。土壤通气良好时，根系吸水能力较强；土壤通气不良，因土壤缺氧，$CO_2$浓度过高，影响根系吸水。

③土壤温度。一般情况下，在适宜的温度范围内，土壤温度升高，植物根系吸水速率增加；土壤温度降低，根系的吸水速率降低。但土壤温度过高会加速根的老化过程，影响根系吸收速率，甚至停止。

④土壤溶液浓度。在一般情况下，土壤溶液浓度较低，水势高于根部细胞的水势，水分会向根系流动；盐碱土则相反，水分不易向根系流动，植物吸水困难。

(2)蒸腾作用。

①概念和意义。是指植物体内的水分，通过植物的表面，以水蒸气状态散失到大气中的过程。蒸腾作用是植物对水分的吸收和运输的主要动力，尤其是对高大的植物获得水分、养分更为重要；可以促进矿物质营养的运输和合理分配；能降低植物体的温度；植物蒸腾时气孔开放，有利于$CO_2$的同化。

②影响因素。

光：随着光照强度的增强，蒸腾也随之增加；但光照强度过高会引起气孔关闭，降低蒸腾作用。

空气湿度：在通常情况下，植物叶片的水势远高于空气的水势，叶片向大气蒸腾水分。

温度：在一定的温度范围内，随着温度的升高，蒸腾作用增强。

风速：适当增加风速，能促进叶面水蒸气的扩散，有利于蒸腾；风速过大，会导致气孔关闭，降低蒸腾作用。

土壤条件：土壤的质地、温度、水分等条件，都能间接地影响蒸腾作用。

③蒸腾作用的调控。一是移栽植物时，去掉部分枝叶，减少蒸腾面积；二是采取搭棚、覆盖等遮阴措施，或实行设施栽培降低蒸腾速率；三是可喷洒抗蒸腾剂，减少植物的蒸腾消耗。

3.植物的需水规律

(1)植物的需水量。在植物的一生中，各时期都需要有水分供应，满足其生长发育。不同植物或同一植物不同品种，其需水量不同。同一植物不同生长时期，需水量有很大差异，如表4-2所示。

表 4-2 小麦各生育时期需水情况

| 植物 | 生长发育阶段 | 各生育阶段日数占全生育期日数/% | 各生育阶段需水量占全生育期需水量/% | 平均日耗水量/($m^3/hm^2$) |
|---|---|---|---|---|
| 冬小麦 | 播种—出苗 | 2.65 | 2.01 | 15.00 |
| | 出苗—分蘖 | 4.54 | 4.94 | 19.50 |
| | 分蘖—越冬 | 23.10 | 9.37 | 7.95 |
| | 越冬期 | 32.95 | 5.44 | 3.30 |
| | 返青—拔节 | 12.87 | 12.07 | 18.45 |
| | 拔节—抽穗 | 10.61 | 30.09 | 56.10 |
| | 抽穗—开花 | 1.14 | 3.84 | 66.30 |
| | 开花—成熟 | 12.12 | 32.49 | 52.65 |

(2)植物的需水临界期、最大需水期。

①植物的水分临界期。是植物对水分供应不足最为敏感、最易受到伤害的时期,称水分临界期。一般植物在新枝生长期、花芽分化期及果实膨大期为植物水分临界期。临界期不一定是植物需求量最多时期。

②植物的最大需水期。是指植物生活周期中需水最多的时期。在植物的一生中,一般情况都是植物生长的苗期和成熟末期需水量较小,而在其生长中期,营养生长与生殖生长并进期,是植物需水量最大时期。

(3)合理灌溉的指标。

①土壤指标。植物根系活动层土壤含水量低于田间持水量的60%～80%,应及时灌溉。

②形态指标。植物幼嫩的茎叶在中午前后发生萎蔫;生长速度下降;叶、茎颜色呈绿色或有时变红等情况下,要及时进行灌溉。

③生理指标。常用植物叶片的细胞液浓度、渗透势、水势和气孔开度等作为灌溉的生理指标。

4.科学用水方法

(1)储蓄水量。一是采取的工程措施:修建小型蓄水工程,如小水库、蓄水池塘坝、拦水沟渠、防洪排涝沟渠等;二是植树造林措施:封山育林,荒坡造林(水平沟造林、鱼鳞坑造林),护沟造林,种草等。

(2)合理耕种。

①少耕和免耕。少耕是指在常规耕作基础上尽量减少土壤耕作次数或耕作面

积的一类耕作方法；免耕是指直接播种，植物播种前不用犁、耙整理土地，播后植物生育期间不使用农具进行土壤管理的耕作方法。

②保持水土耕作法。此技术所采用的耕作法，主要是包括等高耕种、沟垄种植、水平犁沟种植、鱼鳞坑等种植、覆盖耕作（如留茬覆盖、秸秆覆盖、地膜覆盖、青草覆盖等）、草田轮作、深耕密植、间作套种、增施有机肥料等。

(3)节水灌溉。

①喷灌。喷灌是利用专门的设备将水加压，或利用水的自然落差将高位水通过压力管道送到田间，再经喷头喷射到空中散成细小水滴，均匀散布在农田上，达到灌溉目的。对一般土质来说，喷灌可节水30%～50%。

②地下灌。把灌溉水输入地下铺设的透水管道或采用其他工程措施普遍抬高地下水位，依靠土壤毛细管作用浸润根层土壤，供给植物所需水分的灌溉技术。

③微灌。是一种新型的节水灌溉工程技术，包括滴灌、微喷灌和涌泉灌等。一般它比地面灌溉省水60%～70%，比喷灌省水15%～20%。

④膜上灌。是在地膜栽培的基础上，把以往的地膜旁侧改为膜上灌水，水沿放苗孔和膜旁侧灌水渗入进行灌溉。比常规沟灌省水40%～50%。

⑤植物调亏灌溉。调亏灌溉是从植物生理角度出发，在一定时期内主动施加一定程度的有益的亏水度，锻炼植物，达到节水增产的效果。

(4)土壤保墒。

①地面覆盖保墒技术。利用细沙、作物秸秆、绿肥、地膜等覆盖于已翻耕过或免耕的土壤表面，可抑制蒸发，减少地表径流，促进降水充分渗入土壤中，起到增墒、保墒作用；或利用化学防蒸发制剂，喷洒到土壤表面，形成一层覆盖膜，抑制土壤蒸发，起到保墒作用。

②加强田间管理。深耕、中耕松土、表土镇压等田间管理措施均可以起到保墒或提墒的作用。

**（二）资料准备**

(1)图书馆或资料室。利用现有的图书馆或资料室以及报刊，查找当地植物生产科学用水的技术措施。

(2)网络资源。利用电脑、WiFi等查找有关植物生产各种科学用水方面的信息资料；对比本省（市）和中国植物生产用水方法的优势和不足。

(3)教师准备的资料单。关于植物生产科学用水措施方面的相关文章和资料。

## 二、项目设计与实施

### (一)项目任务设计

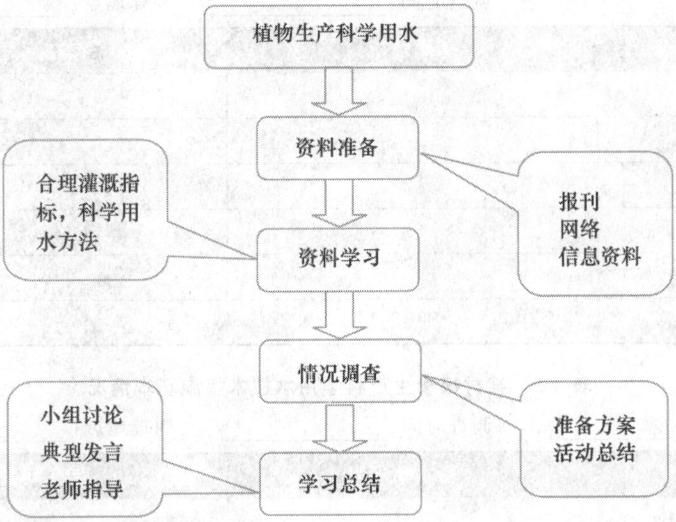


### (二)项目任务实施

1. 在教师的指导下,学习植物生产合理灌溉指标和科学用水方法。

2. 对当地植物生产水资源环境进行调查,了解当地农田水利工程设施、科学用水的技术措施的基本情况。

(1)调查准备:通过图书、报刊、网络查询等途径对当地进行了解。

(2)制订调查方案:以小组为单位制订调查计划,包括时间、地点、调查对象和内容、调查表格设计等。

(3)在查阅资料的基础上进行调查活动:

①实地了解当地某村植物生产基本情况及用水状况,完成表 4-3 的调查。

表 4-3　某村植物生产种类的基本情况

调查人:________　调查时间:________　调查地点:________

| 植物 | 种植面积/$hm^2$ | 产量/(kg/$hm^2$) | 年降水量/mm | 灌溉量/($m^3$/$hm^2$) | 水分利用率/% |
|---|---|---|---|---|---|
| | | | | | |
| | | | | | |

②实地了解当地某村植物生产水资源基本情况、主要技术、存在问题等，完成表 4-4 和表 4-5 调查。

**表 4-4　某村植物生产水资源要素基本情况**

调查人：________　调查时间：________　调查地点：________

| 水资源要素 | 基本情况 | 存在问题 |
| --- | --- | --- |
| 降水 | | |
| 地表水 | | |
| 地下水 | | |
| 农业水利设施 | | |
| 水分利用率/% | | |
| 备　注 | | |

**表 4-5　某村植物生产科学用水技术措施基本情况**

调查人：________　调查时间：________　调查地点：________

| 项目 | 基本情况 | 存在问题 |
| --- | --- | --- |
| 土地面积/$hm^2$ | | |
| 耕地面积/$hm^2$ | | |
| 灌溉面积/$hm^2$ | | |
| 灌溉技术措施 | | |
| | | |
| | | |

(4)调查总结。根据调查结果每人撰写一份不少于 800 字的调查总结。在教师的组织下与同学们交流学习。

3. 学习小结

(1)每人写一份学习收获。

(2)小组讨论，用集体的智慧完成一份较好的学习收获体会。

(3)每组选一个代表做典型发言，在全班讲解小组的学习方法、学习收获，组员补充收获的内容。

(4)教师组织发动全班同学讨论、评价各小组的学习情况，达到全班同学共享学习资源和收获体会，巩固所学的知识内容。

【评价反馈】

**(一)自我评价**

1. 名词解释

植物需水临界期、水汽压、土壤相对含水量、空气相对湿度、蒸腾作用。

2. 填空

(1)降水的表示方法有________、______,其中______表示降水多少,______反映降水急缓。

(2)植物根系吸水分的区域是__________。

(3)土壤含水量的表示方法有:________、________、__________和土壤水层厚度等。

(4)植物合理灌溉的指标有:__________、____________和______________。

(5)风速是影响蒸腾作用的因素之一,适当增加风速,对蒸腾作用起______作用。

(6)影响植物根系吸水的土壤要素有:土壤水分、土壤通气状况、______、_____。

3. 简答题

(1)常用的空气湿度表示方法有哪些?

(2)水分对植物的生理作用有哪些?

(3)科学合理用水方法有哪些?

**(二)小组评价(附表1)**

**(三)综合评价**

1. 教师评价

(1)对实践操作的点评。

(2)对学习过程的总体评价。

教师签名________________

2. 学生评价

(1)对教师授课效果的评价。

(2)对学习效果的评价。

学生签名________________

# 项目五　植物生产与光能利用

【学习目标】

1. 了解光合作用、呼吸作用的概念、意义、影响因素及在生产上的应用
2. 熟悉测定光合速率、呼吸强度方法
3. 掌握提高光能利用率的途径

【工作任务描述】

本项目分为认知植物的新陈代谢和认知光照对植物生产的影响2个任务。通过本项目任务的操作与学习，能让学员了解植物光合作用、呼吸作用、光照在植物生产上的应用，掌握提高光能利用率的途径；通过实践操作，提高学员的学习兴趣，培养学员查阅资料、观察分析、归纳总结的职业素质。

【内容结构】

# 任务一　认知植物的新陈代谢

绿色植物的新陈代谢是以水分和矿质元素为原料，通过光合作用合成体内有机物，并把光能转化成化学能贮藏在有机物中；又通过呼吸作用分解体内的有机物，释放能量，供给生命活动的需要。

## 子任务一　认知植物光合作用和呼吸作用

### 一、学习准备

#### （一）知识准备

1. 植物的光合作用

(1)概念。光合作用是绿色植物利用光能，将二氧化碳和水合成有机物质，释放氧气，同时把光能转变成化学能贮藏在所形成的有机物中的过程。光合作用的原料是二氧化碳和水，动力是光能，场所是叶绿体，产物是葡萄糖和氧气，如图 5-1 所示。

(2)意义。光合作用为包括人类在内的几乎所有生物的生存提供了物质来源、能量来源和氧气来源。是“地球上最重要的化学反应”。因此，光合作用对于人类和整个生物界都具有非常重要的意义。

(3)影响的环境因素。影响光合作用的环境因素主要有光照强度、二氧化碳浓度、温度、水分、矿质营养和大气电场等。

①光照强度。光是光合作用的能量来源，也是叶绿素形成必要条件，在一定范围内增加光照强度，有利于提高光合速率和促进干物质积累。

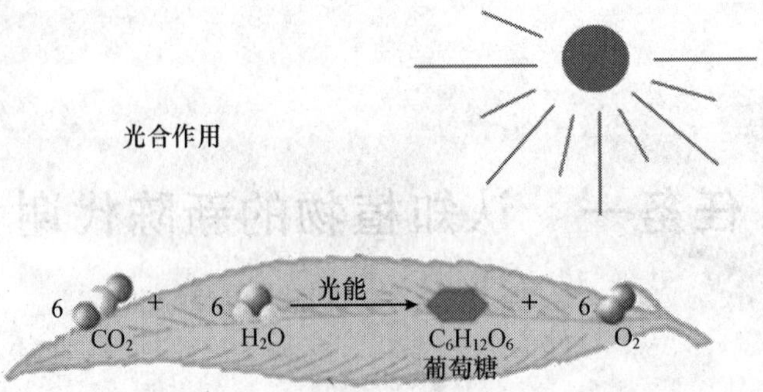


图 5-1 植物的光合作用

光饱和点:在一定范围内,植物的光合速率随光照强度增高而相应增加,当光照达到一定值时,光合速率就不再增加,这种现象称为光饱和现象。开始达到光饱和现象时的光照强度称为光饱和点,如图 5-2 所示。

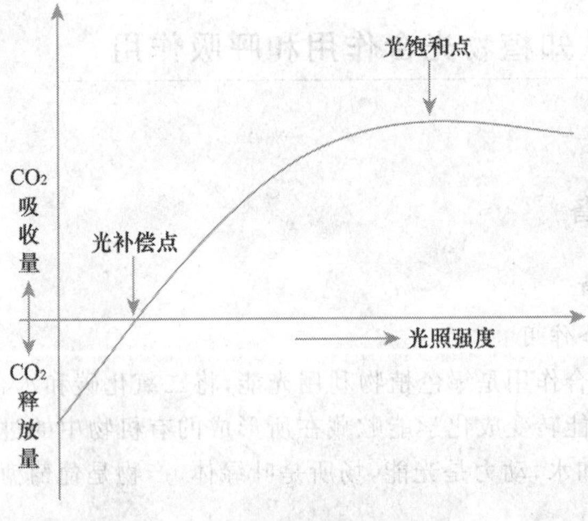


图 5-2 光合作用的光饱和点和光补偿点

光补偿点:光照较强时,植物的光合速率比呼吸速率要高若干倍。当光照强度减弱时,光合速率和呼吸速率均随之下降,光合速率下降更快。当光合强度降低到一定数值时,光合作用吸收的二氧化碳与呼吸作用放出的二氧化碳处于平衡状态,这时的光照强度成为光补偿点。

光饱和点和光补偿点是植物光合特性的两个重要指标,代表着植物或叶片对光的利用能力。不同植物的光饱和点和光补偿点是不同的。生产上要采取措施努力提高光饱和点,降低光补偿点,做到增加积累,减少消耗。

②$CO_2$浓度。$CO_2$是绿色植物光合作用的原料，它的浓度高低影响光合作用的进行。在一定范围内提高$CO_2$的浓度能提高光合作用的速率，$CO_2$浓度达到一定值之后光合作用速率不再增加，如图5-3所示。

③温度。在光合最适温度时，光合速率最高，低温和高温均抑制光合作用的进行，如图5-4所示。

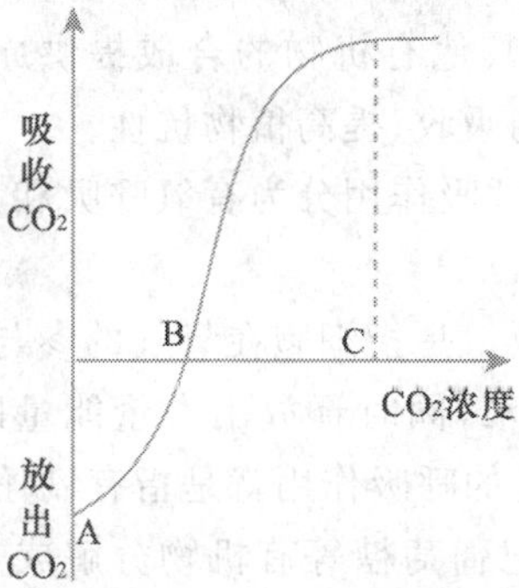


图5-3　$CO_2$浓度对光合作用的影响

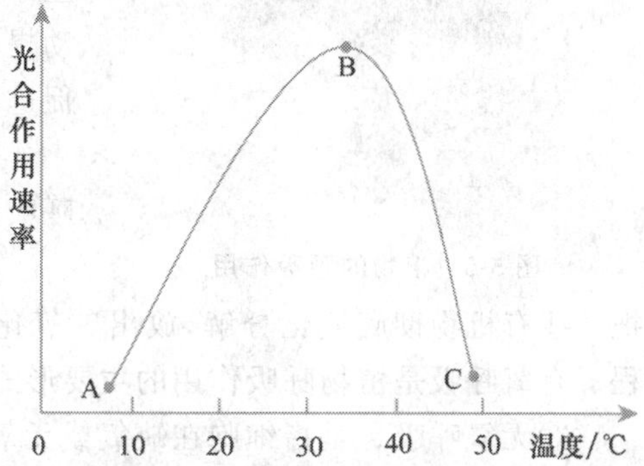


图5-4　温度对光合作用的影响

④水分。水分既是光合作用的原料之一，又可影响叶片气孔的开闭，间接影响$CO_2$的吸收。缺水时会使光合速率下降。

⑤矿质元素。N、Mg、Fe、Mn、P、K、B、Zn等元素都会直接或间接对光合作用产生影响。例如，N是构成叶绿素、酶、ATP的化合物的元素，P是构成ATP的元素，Mg是构成叶绿素的元素。

⑥大气电场。正向的大气电场促进植物的光合作用，降低光饱和点；而负向的大气电场则促进呼吸作用。

(4)光合作用在农业生产上的应用。

①实行间作套种。通过植株高矮搭配、生长期交错等措施，充分利用光照条件，提高复种指数，增加单位面积的产量。

②增施$CO_2$肥。保护地栽培中，通过使用$CO_2$气肥增加$CO_2$浓度，增强光合作用。

③培育高光效植物品种，减少呼吸消耗。选育理想株型，充分利用光能。高产农田植物群体充分利用光能的结构是植株矮化、植物层薄。

④应用植物生长调节物质。DCPTA能增强植物的光合作用，提高产量。

⑤利用不同色光，改善光合产物品质。例如，红色光能提高作物的含糖量；蓝色光能增加作物蛋白质的含量。

图 5-5 植物的呼吸作用

2. 植物的呼吸作用

(1)概念、意义。呼吸作用是指生物体内的有机物在细胞内经过一系列的氧化分解，最终生成二氧化碳或其他产物，并且释放出能量的总过程，如图 5-5 所示。呼吸作用对于植物生命活动具有十分重要的意义：为植物生命活动提供能量；为其他有机物的合成提供原料；促进矿质元素的吸收；提高植物抗性。

(2)类型。呼吸作用分为有氧呼吸和无氧呼吸两类。

①有氧呼吸。是指细胞在氧气的参与下，把某些有机物彻底氧化分解，放出二氧化碳并形成水，同时释放出大量能量的过程。有氧呼吸是植物呼吸作用的主要形式，通常所说的呼吸作用就是指有氧呼吸。

②无氧呼吸。是指细胞在缺氧或无氧条件下，把葡萄糖等有机物分解成为不彻底的氧化产物(酒精和 $CO_2$ 或乳酸)，同时释放出少量能量的过程。

有氧呼吸和无氧呼吸有共同点，也有不同点，如表 5-1 所示。

表 5-1 有氧呼吸和无氧呼吸的异同

| 类型 | | 有氧呼吸 | 无氧呼吸 |
|---|---|---|---|
| 不同点 | 反应场所 | 细胞质基质、线粒体 | 细胞质基质 |
| | 反应条件 | 需要氧气和酶 | 不需要氧气，需要酶 |
| | 基质氧化 | 葡萄糖彻底氧化 | 葡萄糖不彻底氧化 |
| | 物质转化 | $H_2O$ 和 $CO_2$ | 酒精或乳酸和 $CO_2$ |
| | 能量转化 | 释放大量能量 | 释放少量能量 |
| 相同点 | 都要经过糖酵解过程，并有能量释放 | | |
| | 都是酶促反应 | | |

(3)影响因素。呼吸作用的强弱常用呼吸强度来表示，影响呼吸强度的因素主要有：

①温度。大多数植物呼吸作用的最低温度为－10℃，最适温度 25～35℃，最高温度为 35～45℃，如图 5-6 所示。

②水分。植物体中的有机物必须溶解在水中才能被分解。植物种子含水量高，种子的呼吸作用就强。对陆生植物来说，土壤中的含水量过高，就会影响土壤的氧气量，从而影响根的呼吸作用。

③$O_2$ 和 $CO_2$ 浓度。$O_2$ 对无氧呼吸有抑制作用，当 $O_2$ 浓度逐渐升高时，无氧

呼吸逐渐减弱，最后消失，而有氧呼吸则逐渐增强。$CO_2$ 浓度过高会抑制有氧呼吸，如图 5-7 所示。

④机械损伤。植物受伤后，呼吸作用会显著增强。

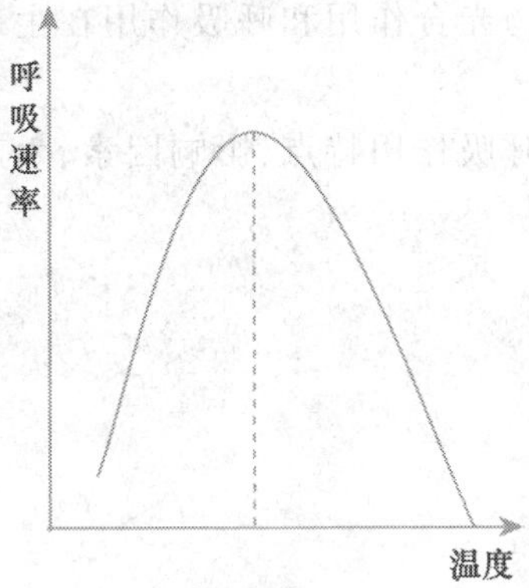


图 5-6　温度对呼吸作用的影响

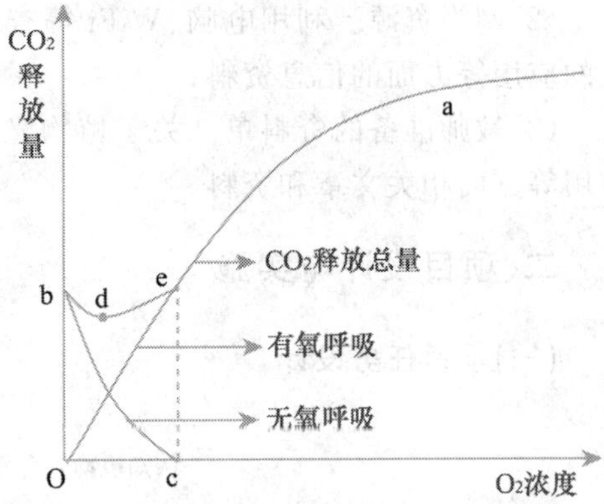


图 5-7　$O_2$ 和 $CO_2$ 对呼吸作用的影响

(4)呼吸作用在植物生产上的应用。

①粮食贮藏。贮藏粮油种子的原则是降低种子的含水量、温度和空气中的含氧量。

②果蔬贮藏。多汁果实和蔬菜的贮藏、保鲜的原则是在尽量避免机械损伤的基础上，控制温度、湿度和空气成分三个条件，降低呼吸消耗。

③作物栽培。栽培措施要保证作物呼吸作用正常进行，如水稻浸种催芽时用温水淋种和时常翻种；水稻育秧采用湿润育种；作物的中耕松土、垄作、土壤排湿等。

3. 光合作用和呼吸作用的关系

光合作用和呼吸作用既相互对立，又相互依赖，两者共同存在于统一的有机体中，如表 5-2 所示。

表 5-2　光合作用和呼吸作用的区别和联系

| | | 光合作用 | 呼吸作用 |
|---|---|---|---|
| 区别 | 部位 | 含有叶绿体的细胞 | 所有的活细胞 |
| | 条件 | 光 | 有光无光均可 |
| | 原料 | 二氧化碳和水 | 有机物、氧气 |
| | 产物 | 有机物、氧气 | 二氧化碳和水 |
| | 能量转变 | 制造有机物。储存能量 | 分解有机物，释放能量 |
| 联系 | 呼吸作用与光合作用相互依存：呼吸作用所分解的有机物正是光合作用的产物，呼吸作用所释放的能量正是光合作用储存在有机物中的能量；植物进行光合作用的时候，原料的吸收和产物的运输所需要的能量，正是呼吸作用释放出来的 | | |

### (二)资料准备

(1)图书馆或资料室。利用现有的图书馆或资料室以及报刊,查找有关光合作用和呼吸作用的信息;

(2)网络资源。利用电脑、WiFi 等查找当地植物光合作用和呼吸作用在生产上的应用等方面的信息资料;

(3)教师准备的资料单。关于植物光合作用和呼吸作用特点、影响因素、生产应用等方面相关文章和资料。

## 二、项目设计与实施

### (一)项目任务设计

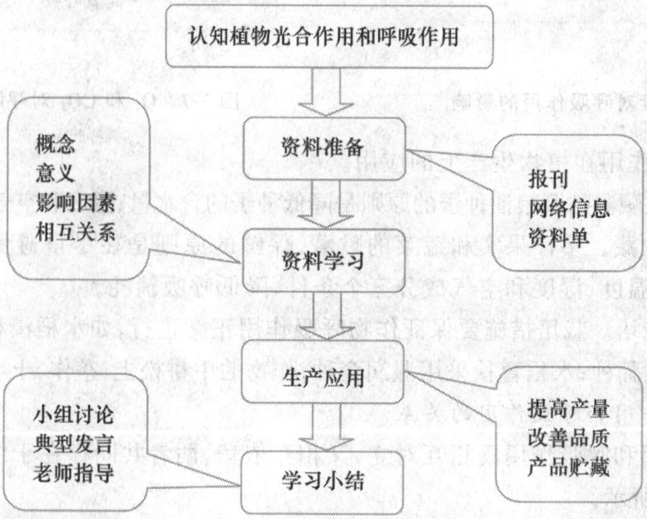


### (二)项目任务实施

1. 在教师的指导下,学习光合作用、呼吸作用的概念、意义和影响因素。

2. 对当地植物生产中有关光合作用、呼吸作用应用的技术进行调查总结。

3. 学习小结。

(1)每人写一份学习收获。

(2)小组讨论,分享每个组员的调查总结。

(3)每组选一个代表在全班做典型发言,讲解小组的学习方法、学习收获和调查结果,教师对调查情况进行总结,对小组讨论、学习情况进行评价。

## 三、学习拓展

### DCPTA——光合作用调节剂

DCPTA是一种新型的光合作用调节剂,化学名称叫作2-(3,4-二氯苯氧基)三乙胺,缩写为DCPTA,俗称增产胺。它是一种对植物生长发育有多种优异性能的活性物质。

DCPTA可以促进光合作用、增加二氧化碳的吸收利用、增强蛋白质和脂类等物质贮存积累、促进细胞分裂和生长、增强合成酶的活性、延缓作物叶片衰老等效果,从而增强作物的耐瘠、抗病虫、抗旱、抗寒能力,提高作物的产量和品质。

DCPTA无毒害、无污染、无残留,可大大提高化肥利用率;能与多种元素复配,制成叶面肥、冲施肥、基肥;还可以和杀菌剂、杀虫剂、除草剂复配使用,提高药效。

DCPTA使用方法:一是浸种。兑水3 000倍,药液浸没种子为止,时间10～16 h为宜。二是拌种。兑水500～1 000倍,把药液喷洒在种子上,边喷变拌,使种子充分湿润后堆闷30～50 min,晾干后播种。三是蘸根。兑水3 000倍,蘸根后即栽种。四是喷雾。兑水3 000～5 000倍,选晴天、无风天喷雾。

# 子任务二　测定植物光合速率

## 一、学习准备

### (一)知识准备

1.光合速率

光合速率是光合作用强弱的一种表示法,又称“光合强度”。光合速率的大小可用单位时间、单位叶面积所积累的干物质量表示,亦可用单位时间、单位叶面积所吸收的$CO_2$或释放的$O_2$表示。

2.改良半叶法测定光合速率

改良半叶法测定光合速率是将植物对称叶片的一部分遮光或取下置于暗处,另一部分则留在光下进行光合作用,过一定时间后,在这两部分叶片的对应部位取同等面积,分别烘干称重。因为对称叶片两对应部位的等面积干重,开始时被视为相等，照光后叶片重量超过暗中的叶重，超过部分即为光合作用产物的产量，并通过一定的计算可得到光合作用强度。

### (二)仪器和材料准备

1. 仪器

打孔器、分析天平、称量皿、烘箱、剪刀、镊子、木夹子。

2. 材料

田间绿色植物、纱布、胶布（锡纸）、纸牌、5％三氯乙酸、90℃以上温水。

## 二、项目设计与实施

### (一)项目任务设计

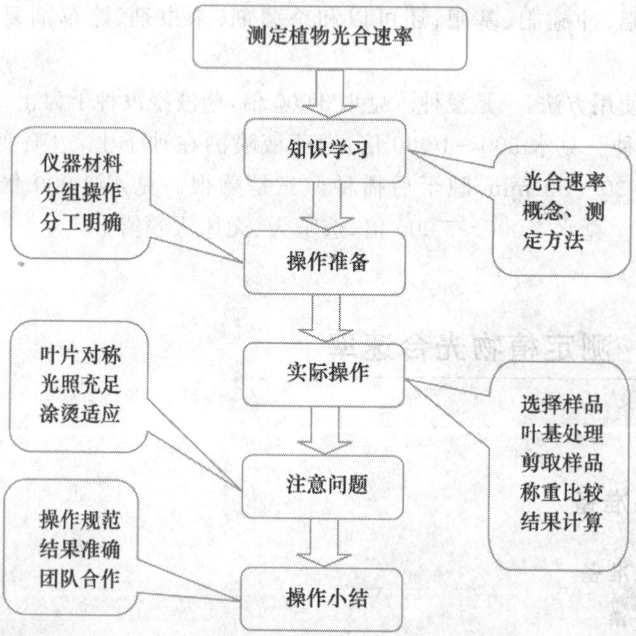


### (二)项目任务实施

1. 选择测定样品

在田间选定有代表性植株叶片（如叶片在植株上的部位、叶龄、受光条件等）20片，用小纸牌编号。

2. 叶子基部处理

双子叶植物叶片，可用5％三氯乙酸涂于叶柄周围；单子叶植物，可将缠好纱布的木夹子在90℃以上温水水中浸泡20 s后，用木夹将叶子基部烫伤一小段。为了使处理后的叶片不致下垂，影响叶片的自然生长角度，可用胶布或锡纸包围之，使叶片保持原来着生角度。

3. 剪取样品

叶基部处理完毕后，即可剪取样品，记录时间，开始光合作用测定。一般按编号次序分别剪下对称叶片的一半（不要伤及主脉），按编号顺序夹于湿润的纱布中，贮于暗处。过4～5 h光照后，再依次剪下另外半叶，同样按编号夹于湿润纱布中，两次剪叶的速度应尽量保持一致，使各叶片经历相等的照光时数。

4. 称重比较

用打孔器在两组同号的半叶的对称部位各打5个小圆片，每组100片（20片×5）并计算叶圆片的总面积（$cm^2$）（有叶面积仪的，也可直接测出两半叶的叶面积，叶圆片总面积以20 $cm^2$为宜），分别放于两个称量皿中，在110℃下杀青14 min，再置于70℃烘箱烘至恒重（4 h左右），冷却后用分析天平称重。

5. 结果计算

两组叶圆片干重之差，除以叶面积及光照时间，得到光合速率：

$$\text{光合速率}[\text{mg}/(\text{cm}^2 \cdot \text{h})]=\frac{W_2-W_1}{S\times t}$$

式中：$W_1$—未照光圆片干重（mg）；

$W_2$—照光圆片干重（mg）；

$S$—叶圆片总面积（$cm^2$）；

$t$—照光时间（h）。

6. 实验结果

填表记录实验结果并计算光合速率，如表5-3所示。

表5-3 光合速率测定实验结果统计表

| 植物名称 | 处理方法 | 取样时间 | 叶圆片总面积/$cm^2$ | 干物质重 | | 干重增减量/mg | 作用时间/h | 光照强度/lx | 光合速率/[$mg/(cm^2 \cdot h)$] |
|---|---|---|---|---|---|---|---|---|---|
| | | | | 第1次称重 | 第2次称重 | | | | |
| | | | | | | | | | |

**(三)注意事项**

(1)选择外观对称的植物叶片,以免两侧叶片生长不一致导致误差。

(2)选择的叶片应光照充足,防止因太阳高度角的变化而造成叶片遮阳。

(3)涂抹三氯乙酸的量或开水烫叶基部的时间应适应,过轻达不到阻止光合产物运转的目的,过重会导致叶片萎蔫降低光合速率。

**(四)任务小结**

(1)每组写出一份实验报告,并对本组工作做出评价。

(2)每组选一个代表在全班发言,总结实验过程得失。教师参与讨论过程并指导,对各组进行评价。

# 子任务三 测定植物呼吸强度

## 一、学习准备

**(一)知识准备**

*1. 植物呼吸强度*

植物呼吸强度是植物体新陈代谢强弱的一个重要指标,它是指单位时间内,单位重量的植物体所吸收 $O_2$ 或释放 $CO_2$ 量,常用单位是 mg/(g·h)。

*2. 简易测定植物的呼吸强度*

萌发的种子(或其他生活组织)置于一个密闭容器中,呼吸作用消耗容器中的氧气放出二氧化碳,而二氧化碳又为容器中碱液所吸收,致使容器中气体压力减少,容器内外产生压力差,使得玻璃管内水柱上升。水柱上升的高度,即代表容器内外压力差的大小,亦即代表呼吸作用的大小。如果几套装置所用广口瓶的容积相等,玻璃管内径也一致,用于测定的材料数量也相等,则可从水柱上升高度(即玻璃管内上升的水的体积)粗略地计算种子呼吸作用吸收氧气的体积。

**(二)仪器和材料准备**

天平、小号帐钩、橡皮塞、广口瓶(500 mL)、小烧杯、玻璃管、纱布、棉线、石蜡;10% NaOH;水稻、小麦或大豆种子。统一标准,分小组进行操作。

## 二、项目设计与实施

### (一)项目任务设计

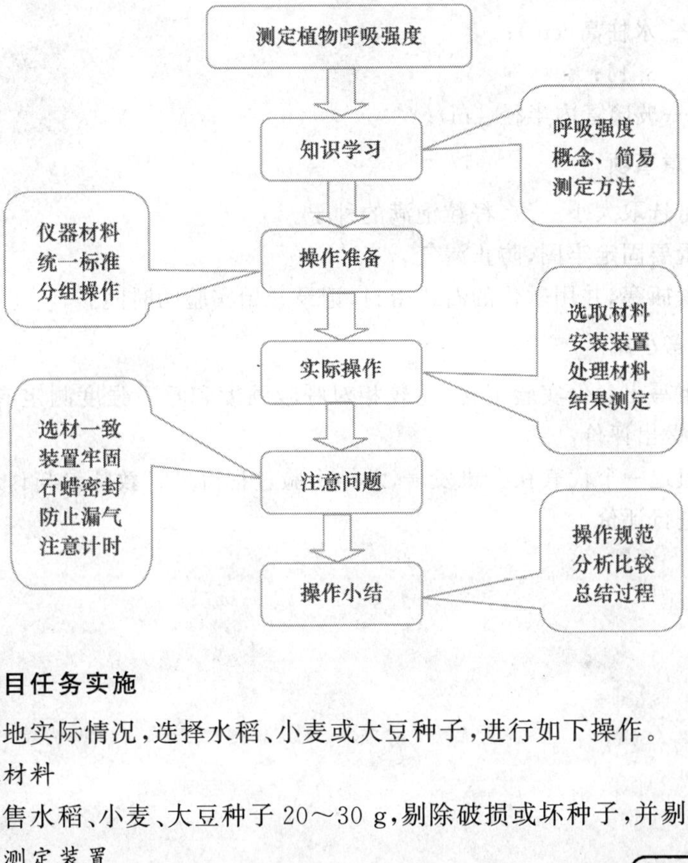


### (二)项目任务实施

根据当地实际情况,选择水稻、小麦或大豆种子,进行如下操作。

1. 选取材料

选取市售水稻、小麦、大豆种子 20～30 g,剔除破损或坏种子,并剔除杂物。

2. 安装测定装置

如图 5-8 所示,包括广口瓶(A)(于瓶塞上钉一弯钩状小号帐钩),曲管(B),烧杯(C)。

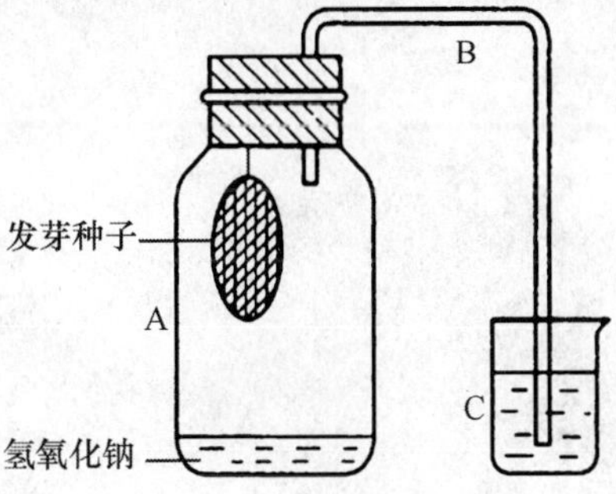


图 5-8 简易呼吸测定装置

3. 处理材料

(1)烧杯内装水(可加若干滴红墨水),广口瓶内加入 20 mL 10%的 NaOH。

(2)称取已经萌发的水稻、小麦或大豆种子若干克,用纱布包裹,用棉线结扎悬挂于广口瓶塞弯钩上。

4.结果测定

经一定时间后，测量水柱上升高度，以下述方法表示呼吸作用的强弱。

（1）相对呼吸强度(cm/h)＝水柱高

（2）呼吸强度(cm/h)＝水柱高×$\pi r^2$

式中：$h$—水柱高(cm)；

$\pi$—3.14；

$r$—玻璃管内半径(cm)。

**(三)注意事项**

（1）尽量选取大小一致、籽粒饱满的种子。

（2）装置要固定牢固，防止漏气。

（3）盖紧瓶塞，并用融化的石蜡密封，记录开始实验的时间。

**(四)任务小结**

（1）每组写出一份实验报告，比较相对呼吸强度和呼吸强度测定有何区别，并对本组工作做出评价。

（2）每组选一个代表在全班发言，总结实验过程得失。教师参与讨论过程并指导，对各组进行评价。

# 任务二　认知光照对植物生产的影响

## 一、学习准备

### (一)知识准备

1. 四季形成

四季形成是因为地球绕太阳公转的结果。地球不停地自西向东自转,同时又绕太阳公转。而地球公转的轨道又是一个椭圆的形状,太阳始终位于一个焦点上。地球在不断公转的过程中,地轴与公转轨道始终会保持 66°34′的交角,即地球始终是斜着身子绕太阳公转。因为地球公转的原因,致使太阳直射点在地球表面不断变化,引起各地的太阳高度和日照时间长短发生改变,造成一年中各纬度(主要是中高纬度)所接受的太阳辐射能也发生变化。到了每年 6 月 22 日前后,地球就是位于远日点。太阳会直射北回归线,这一天就是北半球的夏至日。与此同时北半球得到的热量最高,白昼最长,而且气候也炎热,属于北半球的夏季,但南半球正处于寒冷的冬季。

此后因为继续在公转轨道上不停运行,太阳的直射点便会南移。到了 9 月 23 日左右,太阳就会直射赤道,这一天就是北半球的秋分日。现在南半球以及北半球得到的太阳热量都相等,昼夜平分,北半球是秋季,南半球是春季。

地球继续不断运转,到 12 月 22 日左右,地球开始位于近日点,太阳便直射南回归线。这一天就是北半球的冬至日。而此时北半球得到的热量为最少,且白昼时间最短,气候也相当寒冷,是北半球的冬季。南半球刚好是夏季。太阳直射点北返以后,在 3 月 21 日左右,太阳再次直接射向赤道,这一天就是北半球的春分日。这个时候,是北半球的春季,而南半球却是秋季。地球像这样以一年为周期绕太阳不停运转,从而产生了四季的更替,如图 5-9 所示。

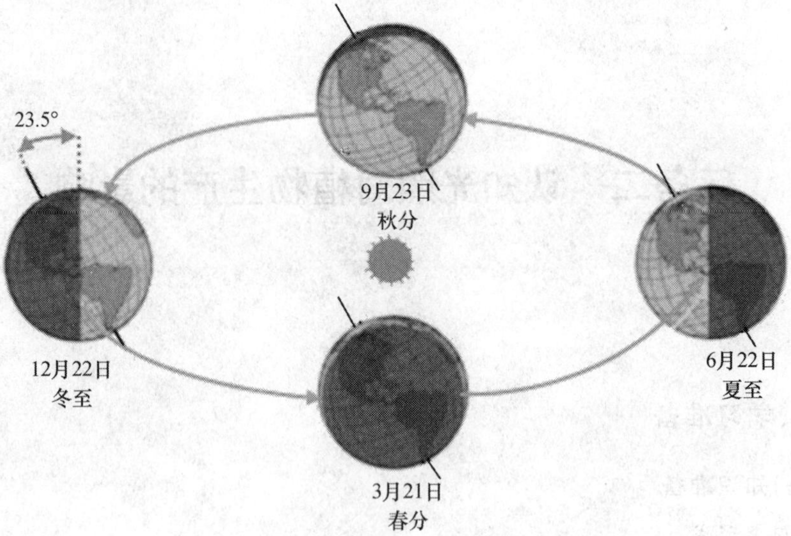


图 5-9 地球四季形成图

2.昼夜形成

在地球自转过程中,在同一时间内,总是有个半球面朝向太阳,另半个球面背向太阳。朝太阳的半球称昼半球,背向太阳的半球称夜半球,昼半球和夜半球的分界线称晨昏线。当地球自西向东自转时,昼半球的东侧逐渐进入黑夜,夜半球的东侧逐渐进入白天,由此形成了地球上的昼夜交替现象,如图 5-10 所示。

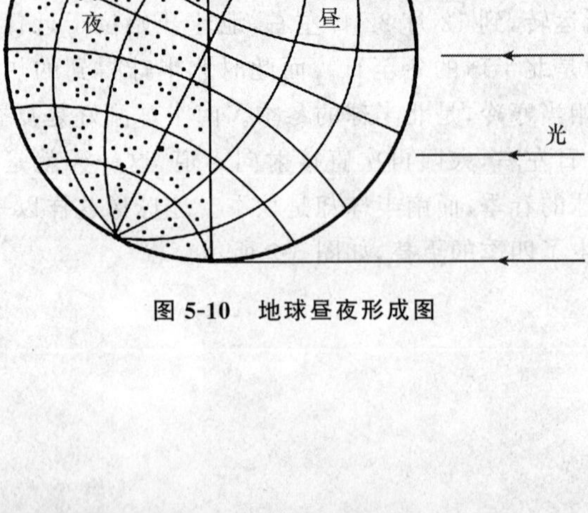


图 5-10 地球昼夜形成图

3. 光照对植物生长发育的影响

主要表现：光照强度、光照时间（光周期）和光的组成（光质）三个方面。

（1）光照强度。对植物生长发育的影响主要表现在以下几个方面。

①光照不足，光合作用减弱；植株徒长或黄化；抑制根系。

②植物受光不良，花芽形成和发育不良；果实发育受阻，造成落花落果。

③光照过强，发生光抑制（光破坏）；日灼。

（2）光周期。是指昼夜周期中光照期和暗期长短的交替变化。光周期现象是生物对昼夜光暗循环格局的反应。大多数一年生植物的开花决定于每日日照时间的长短。除开花外，块根、块茎的形成，叶的脱落和芽的休眠等也受到光周期的控制。

（3）光质。太阳辐射的波长范围 150～3 000 nm，其中 400～700 nm 的可见光约占 52%，红外线占 43%，而紫外线只占 5%。

①光合作用：叶片吸收的光以可见光为主，即同化太阳光谱 380～710 nm 区间的能量。太阳光中被叶绿素吸收最多的是红光，作用也最大，黄光次之，蓝紫光的同化作用效率仅为红光的 14%。

②调控植物的生长发育。红光能加速长日植物和延迟短日植物发育，蓝紫光能加速短日植物和延迟长日植物发育。

③影响产品的品质。红光有利于花青苷形成，紫外线有利于维生素 C 形成。

4. 植物的光合性能

决定植物产量的因素是：光合面积、光合强度、光合时间、光合产物的消耗。

$$\text{生物产量}=\text{光合面积}\times\text{光合强度}\times\text{光和时间}-\text{呼吸消耗}$$

$$\text{经济产量}=(\text{光合面积}\times\text{光合强度}\times\text{光和时间}-\text{呼吸消耗})\times\text{经济系数}$$

（1）光合面积。是指植物的绿色面积，主要是叶面积。叶面积的大小通常用叶面积系数表示。

$$\text{叶面积系数}=\frac{\text{该土地上绿叶总面积}}{\text{土地面积}}$$

各类植物单叶的面积可用下式计算：

$$\text{单叶面积}=\text{长}\times\text{宽}\times\text{折算系数}(0.83)$$

在一定范围内，叶面积越大，光合作用积累的有机物越多，产量越高。但超过一定范围时，会导致田间荫蔽、植物倒伏、叶片过早脱落。

（2）光合时间。适当延长光合作用的时间，可以提高植物产量。当前主要是采取选用中晚熟品种、间作套种、育苗移栽、地膜覆盖等措施，使植物能更有效地利用生长季节，达到延长光照时间、充分进行光合作用的目的。

5.植物的光能利用率

(1)概念。一般是指单位土地面积上，农作物通过光合作用所产生的有机物中所含的能量，与这块土地所接受的太阳能的比。

$$光能利用率=\frac{有机物质所含能量}{土地所接受的太阳能}$$

目前植物的光能利用率普遍不高。据测算，只有0.5%～1%的辐射能用于光合作用。低产田植物对光能的利用率只有0.1%～0.2%，而丰产田对光能的利用率也只有3%左右。

在植物群体结构中，叶片彼此交错排列、多层分布，使各层叶片的透射光可以反复地被吸收利用，因此植物群体比个体更能充分利用光能。

(2)提高光能利用率的途径。

①充分利用生长季。采取间作套种和轮作制度，合理安排茬口，改善农田群体结构，使田间作物保持有旺盛的群体，提高群体的光能利用率。

②选育高光效的作物品种。选育光合作用强、呼吸消耗低、叶面积适当、株型和叶型合理的品种。

③采取合理的栽培技术措施。在不倒伏和不妨碍通风透光的前提下，扩大群体的叶面积指数，并维持较长的功能期，使之有利于作物光合产物的积累和运输。

④提高叶片的光合效率。如抑制光呼吸作用，补施二氧化碳肥料，人工调节光照时间等，均可增加光合能力，提高光合效率。

⑥加强田间管理，改善作物群体的生态环境。包括水肥管理、及时除草、及时消灭病虫害、有效防御各种农业气象灾害等具体措施，都可以增加产量，提高光能利用率。

**(二)资料准备**

(1)图书馆或资料室。利用现有的图书馆或资料室以及报刊，查找有关光照对植物生产影响的信息；

(2)网络资源。利用电脑、WiFi等查找当地光照条件、植物光能利用状况等方面的资料；

(3)教师准备的资料单。关于光照影响植物产量、品质形成、提高植物光能利用率等方面相关文章和当地农业生产的相关资料。

## 二、项目设计与实施

### (一)项目任务设计

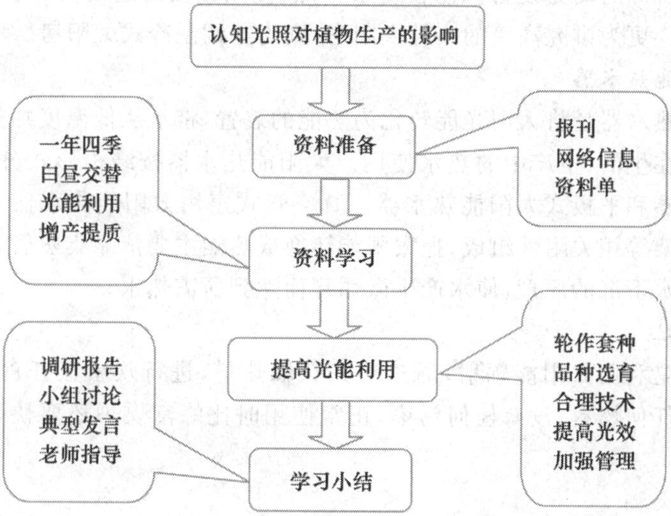


### (二)项目任务实施

1.在教师的指导下,了解季节、昼夜交替的形成原因,学习光照对植物生长发育的影响、植物的光合性能及提高植物光能利用率的方法。

2.对当地光照条件、光能利用情况及植物生产中提高光能利用率的技术进行调查总结,并写出600字以上的调查报告。

3.学习小结。

(1)每人写一份学习收获。

(2)小组讨论,分享每个组员的调查报告。

(3)每组选一个代表在全班做典型发言,讲解小组的学习方法、学习收获和调查结果,教师对调查情况进行总结,对小组讨论、学习情况进行评价。

## 三、学习拓展

### 太阳能的农业利用新技术

太阳能是取之不尽、用之不竭的生态能源,而且使用过程中,对环境友好。随着科学技术的发展,其在农业上的用途将越来越广。

1. 太阳房

太阳房是利用太阳能采暖和降温的房子，是一种既可取暖发电，又可去湿降温、通风换气的节能环保住宅。最简便的一种太阳房叫被动式太阳房，建造容易，不需要安装特殊的动力设备。比较复杂一点，使用方便舒适的另一种太阳房叫主动式太阳房。更为讲究高级的一种太阳房，则为空调制冷式太阳房。

2. 太阳能热水器

太阳能热水器是将太阳光能转化为热能的装置，将水从低温度加热到高温度，以满足人们在生活、生产中的热水使用。太阳能热水器按结构形式分为真空管式太阳能热水器和平板式太阳能热水器。真空管式家用太阳能热水器是由集热管、储水箱及支架等相关附件组成，把太阳能转换成热能主要依靠集热管，集热管利用热水上浮冷水下沉的原理，使水产生微循环而达到所需热水。

3. 太阳灶

太阳灶是利用太阳能辐射，通过聚光获取热量，进行炊事烹饪食物的一种装置。它不烧任何燃料，没有任何污染，正常使用时比蜂窝煤炉还要快，和煤气灶速度一致。

4. 温室大棚

温室，又称暖房。能透光、保温（或加温），用来栽培植物的设施。在不适宜植物生长的季节，能提供生育期和增加产量，多用于低温季节喜温蔬菜、花卉、林木等植物栽培或育苗等。

5. 太阳能干燥

就是利用太阳能干燥设备，对工业及农副产品进行干燥作业。其特点：充分利用太阳辐射能，有效地提高干燥的温度，缩短了干燥时间，解决了干燥物品被污染等问题，使产品的质量等级有所提高。

6. 太阳能发电

分为光热发电和光伏发电。通常说的太阳能发电指的是太阳能光伏发电，简称“光电”。光伏发电是利用半导体界面的光生伏特效应而将光能直接转变为电能的一种技术。这种技术的关键元件是太阳能电池。太阳能电池经过串联后进行封装保护可形成大面积的太阳电池组件，再配合上功率控制器等部件就形成了光伏发电装置。

7. 光伏水泵

太阳能动力水泵，是利用太阳能电池发出的电力带动高效水泵，将水从地表深处提至地面供农田灌溉或人畜饮用，为发展现代农业、节能、环保等提供了极其良好的手段。与常见的柴油抽水机比较，具有压倒性的经济性优势。光伏水泵利用太阳能，在无需任何外来能源的情况下可以机动灵活地用于农田灌溉。

8. 太阳能杀虫灯

利用太阳能电池板，将太阳光直接转换成电能，提供能源给杀虫灯，然后利用昆虫天生的趋光性、趋波性、趋色性的生理构造，辅以特定的光源和波长，夜晚害虫被杀虫灯的光源及波长所吸引，便会奋不顾身地扑过来，而在光源的外围有一层高达3 000～5 000 V的高压电网，害虫便会在飞往灯光的过程中触电身亡。太阳能杀虫灯利用光谱变频技术突破了传统杀虫灯使用单一光波段的局限性，使有效光波范围更广，诱杀害虫种类及数量更多，使用范围更大，可诱杀1 000余种害虫，适用于各种农林作物。太阳能杀虫灯安装方便，不用架设常规电源。一台太阳能杀虫灯可辐射2 $hm^2$ 面积，使用寿命长达10年。

【评价反馈】

**(一)自我评价**

1. 名词解释

光合作用、光饱和点、呼吸作用、光合速率、光能利用率

2. 填空

(1)光合作用的原料是________，动力是________，场所是________，产物是________。

(2)光合作用为包括人类在内的几乎所有生物的生存提供了________来源、________来源和______来源。

(3)影响光合作用的环境因素很多，主要有________、________、______、水分、矿质营养和大气电场等。

(4)呼吸作用分为________和________两类。

(5)呼吸作用在植物生产上的应用主要有__________、__________、________三个方面。

(6)光合作用和呼吸作用既________，又________，两者共同存在于统一的有机体中。

(7)光照对植物生长发育的影响主要表现在______、______和______三个方面。

(8)四季的形成是因为地球绕太阳______的结果。

(9)决定植物产量的因素是：________、________、________、光合产物的消耗。

(10)叶面积的大小通常用________表示。

3. 简答题

(1)光合作用在农业生产上的应用主要有哪几个方面？

(2)有氧呼吸和无氧呼吸有何异同？

(3)提高光能利用率的途径有哪些？

**(二)小组评价(附表1)**

**(三)综合评价**

1.教师评价

(1)对实践操作的点评。

(2)对学习过程的总体评价。

教师签名________________

2.学生评价

(1)对教师授课效果的评价。

(2)对学习效果的评价。

学生签名________________

# 项目六　植物生产与温度调控

任务一　认知温度对植物生产的影响

任务二　调控植物生产的温度环境

【学习目标】

1. 了解土壤温度、空气温度变化规律及对植物生长的作用
2. 熟悉植物生长的有关温度指标,学会地温、气温的测定方法
3. 掌握调控植物生产的温度环境方法

【工作任务描述】

本项目分为认知温度对植物生产的影响和植物生产的温度调控2个任务。通过本项目任务的操作与学习,能让学员了解土壤温度、空气温度、植物生长的温度指标及温度对植物生产的影响,认识与使用测温仪器;通过土壤温度、空气温度的测定操作和调控植物生长温度环境操作,提高学员的学习兴趣,培养学员联系实际、勇于实践、开拓创新的职业素质。

【内容结构】

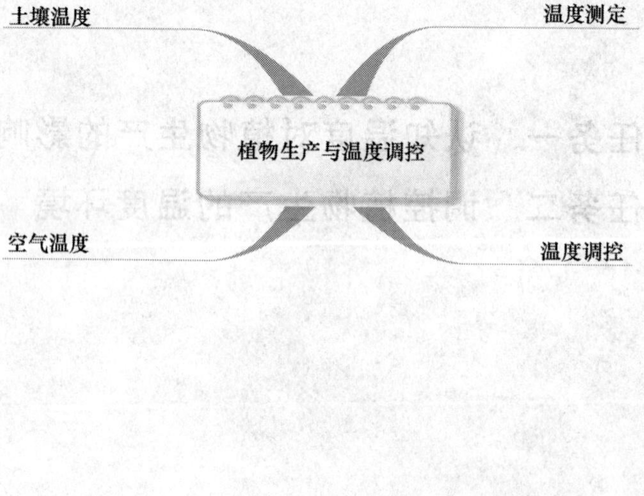

# 任务一　认知温度对植物生产的影响

## 子任务一　认知植物生产的温度条件

### 一、学习准备

#### (一)知识准备

1. 土壤温度

(1)土壤热特性。土壤温度的高低,主要取决于土壤接受的热量和损失的热量,同时受热容量、导热率等土壤热性质的影响。

①土壤热容量。是指单位质量或容积的土壤,温度每升高或降低 1℃时所吸收或放出的热量。土壤热容量大,土温变化越慢;土壤热容量小,则土温易随环境温度的变化而变化。

②土壤导热率。是指土层厚度 1 cm,两端温度相差 1℃时,单位时间通过单位面积土层断面的热量。土壤导热率高的土壤,热量易于在上下层间传导,地表土温的变化较小;相反,导热率低的土壤,地表土温的变化较大。

(2)土壤温度的变化。

①土壤温度的日变化。在正常天气条件下,一日内土壤表面最高温度出现在 13 时前后,最低温度出现在日出之前。

土壤温度一日内最高温度与最低温度之差称为日较差。一般土表白天接受太阳辐射增热,夜间冷却。因而引起土壤温度的昼夜变化。

②土壤温度的年变化。一年中,土壤表面月平均温度最高值出现在 7～8 月,最低值出现在 1～2 月。

③土壤温度的垂直分布。一天中土壤温度的垂直分布一般分为日射型、辐射

型、上午转变型和傍晚转变型 4 种类型。一年中土壤温度的垂直变化可分为放热型(冬季,相当于辐射型),受热型(夏季,相当于日射型)和过渡型(春季和秋季,相当于上午转变型和傍晚转变型)。

(3)影响土壤温度变化的因素。

主要是太阳辐射,除此之外,土壤湿度等因素也影响着土壤温度变化。

①土壤湿度。潮湿土壤与干燥土壤相比,地面土壤温度的日变幅和年变幅较小,最高、最低温度出现时间较迟。

②土壤颜色。可改变地面辐射差额,故深色土壤白天温度高,日较差大,浅色土壤白天温度较低,日较差较小。

③土壤质地。土壤温度的变化幅度以沙土最大,壤土次之,黏土最小。

④覆盖。植被、积雪或其他地面覆盖物,可截留一部分太阳辐射能,土温不易升高;还可防止土壤热量散失,起保温作用。

⑤地形和天气条件。坡向、坡度和地平屏蔽角大等地形因素及阴、晴、干、湿、风力大小等天气条件,或者使到达地面的辐射量发生改变,或者影响地面热量收支,影响土壤温度变化。

⑥纬度和海拔高度。土壤温度随着纬度增加、海拔增高而逐渐降低。

2. 空气温度

植物生长发育不仅需要提供适宜的土壤温度,也需要适宜的空气温度给予保证。空气温度简称气温,一般是指距离地面 1.5 m 高的空气温度。

(1)空气温度的日变化规律。与土壤温度的日变化一样,只是最高、最低温度出现的时间推迟,通常最高温度出现在 14～15 时,最低温度出现在日出前后的 5～6 时。

(2)空气温度的年变化。与土温的年变化十分相似。大陆性气候区和季风性气候区,一年中最热月和最冷月分别出现在 7 月和 1 月,海洋性气候区落后 1 个月左右,分别在 8 月和 2 月。

(3)气温的非周期性变化。气温除具有周期性日、年变化规律外,在空气大规模冷暖平流影响下,还会产生非周期性变化。如我国江南地区 3 月出现的"倒春寒"天气,秋季出现的"秋老虎"天气,便是气温非周期性变化的结果。

(4)大气中的逆温。是指在一定条件下,气温随高度的增高而增加,气温直减率为负值的现象。

逆温现象在农业生产上应用很广泛。有霜冻的夜晚往往有逆温层存在,此时燃烧柴草、烟雾剂可以起到很好的防霜效果;在清晨逆温较强时喷施药剂防治病虫害,可使药剂不致向上挥发,而是均匀地洒落在植株上,提高防治效果;寒冷季节晾晒农副产品时，将晾晒的农副产品置于一定的高度，以免近地面温度过低而产生冻害；果树栽培中，可使嫁接部位恰好处于气温较高的范围内，避开低温层，使果树在冻害严重的年份能安全越冬。

3.植物生长的温度指标

(1)植物生命活动的基本温度。通常把植物生长的最低温度、最高温度、最适温度及最高与最低受害或致死温度称为5个基本温度指标。

①植物的三基点温度。植物生长发育都有三个温度基本点，即最低温度、最适温度和最高温度，称为三基点温度。在最适温度范围内，植物生命活动最强，生长发育最快；在最低温度以下或最高温度以上，植物生长发育停止。不同植物的三基点温度不同，如表6-1所示。三基点温度是最基本的温度指标，用途很广。在确定温度的有效性、作物的种植季节和分布区域，计算作物生长发育速度，计算生产潜力等方面都必须考虑三基点温度。

**表6-1　几种植物的三基点温度**

℃

| 作物种类 | 最低温度 | 最适温度 | 最高温度 |
|---|---|---|---|
| 小麦 | 3～4.5 | 20～22 | 30～32 |
| 玉米 | 8～10 | 30～32 | 40～44 |
| 水稻 | 10～12 | 30～32 | 36～38 |
| 棉花 | 13～14 | 28 | 35 |
| 油菜 | 4～5 | 20～25 | 30～32 |

②受害、致死温度。植物遇低温而导致的受害或致死称为冷害和冻害，此时的温度称为受害、致死温度。植物因温度过高而造成的危害称为热害，此时的温度称为最高受害、致死温度。对植物进行抗逆锻炼(如炼苗)是防止高、低温危害的重要方法。

(2)农业界限温度。对农业生产有指标和临界意义的几个日平均温度。重要的农业界限温度有0℃、5℃、10℃、15℃、20℃，如表6-2所示。

**表6-2　重要的农业界限温度的含义**

| 界限温度/℃ | 含义 |
|---|---|
| 0 | 土壤冻结或解冻，农事活动终止或开始，越冬植物停止生长；早春开始解冻，早春植物开始播种。从早春日均气温通过0℃的时期为农耕期，到初冬通过0℃低于0℃的时期为农闲期 |

续表 6-2

| 界限温度/℃ | 含义 |
| --- | --- |
| 5 | 春季通过 5℃的初日，华北的冻土基本化冻，喜凉植物开始生长。多数树木开始生长。深秋通过 5℃时的越冬植物进行抗寒锻炼，土壤开始日消夜冻，多数树木落叶。5℃以上持续的天数称生长期或生长季 |
| 10 | 春季喜温植物开始播种，喜凉植物开始迅速生长。秋季喜温谷物基本停止灌浆，其他喜温植物也停止生长，大于 10℃期间为喜温植物生长期，与无霜期大体吻合 |
| 15 | 春季通过 15℃的初日，适宜喜温植物生长，是水稻适宜移栽期和棉花开始生长期。秋季通过 15℃为冬小麦适宜播种的下限。大于 15℃期间为喜温植物的活跃生长期 |
| 20 | 春季通过 20℃的初日，是水稻安全抽穗、开花的指标，也是热带作物橡胶正常生长、产胶的界限温度；秋季低于 20℃对水稻抽穗、开花不利，易形成冷害导致空壳。初终日之间为热带植物生长期 |

(3)积温。

①植物生长发育的积温。植物生长发育不仅需要一定的温度，而且通过各生育期或全生育期间需要一定的温度积累。一定时期的积累温度，即温度总和，称为积温。

②积温类型。高于最低温度(生物学下限温度)的日平均温度，叫活动温度。植物生育期间的活动温度的总和，叫活动积温。活动温度与最低温度(生物学下限温度)之差，叫有效温度。植物生育期内有效温度积累的总和，叫有效积温。

③积温的应用。积温作为一个重要的热量指标，在植物生产中有着广泛的用途，主要体现在：一是用来分析农业气候热量资源；作为植物引种的科学依据；为农业气象预报服务；作为农业气候专题分析与区划的重要依据。

**(二)资料准备**

(1)图书馆或资料室。利用现有的图书馆或资料室以及报刊，查找有关土壤温度、空气温度、积温的信息；

(2)网络或技术资源。利用电脑、WiFi 或调查当地农业部门和农技人员查找当地主要作物的三基点温度、农业界限温度、活动积温、有效积温、年最高和最低气温、年均气温等方面的资料；

(3)教师准备的资料单。当地历年有关地温、气温记录、植物冷害、冻害记录和关于温度影响植物生产等方面相关文章和当地农业生产的相关资料。

## 二、项目设计与实施

### (一)项目任务设计

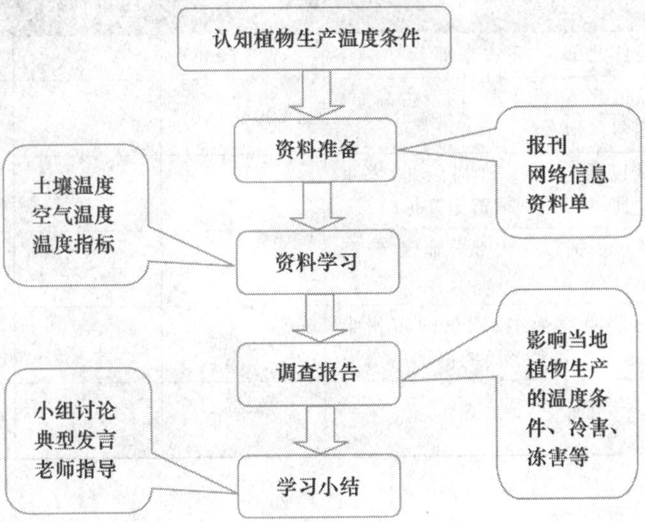


### (二)项目任务实施

1. 在教师的指导下，学习土壤温度、空气温度、植物生长温度指标的概念、特点、含义和应用。

2. 对当地植物生长的温度指标、近年来发生的冷害、冻害情况进行调查，写出 600 字以上的调查报告。

3. 学习小结。

(1)每人写一份学习收获。

(2)小组讨论，分享每个组员的调查报告。

(3)每组选一个代表在全班做典型发言，讲解小组的学习方法、学习收获和调查结果，教师对调查情况进行总结，对小组讨论、学习情况进行评价。

## 三、学习拓展

### 温度带

温度带是以全球各地区活动积温的多少为标准，按农业生产所需要的热量指标划分的地带。通常根据≥10℃的积温的多少可划分为 5 个温度带：北寒带、北温带、热带、南温带、南寒带。

中国大部分位于北温带，少部分位于热带，如表 6-3 所示。

表 6-3　中国温度带一览表

| 温度带 | 主要分布地区 | 积温(≥10℃) | 生长期(月) | 作物熟制 |
|---|---|---|---|---|
| 寒温带 | 黑龙江北部，内蒙古东部 | <1 600 | 3 | 一年一熟 |
| 中温带 | 长城以北，东北平原、内蒙古高原、准噶尔盆地 | 1 600～3 400 | 4～7 | 一年一熟 |
| 暖温带 | 长城以南，秦岭—淮河以北，塔里木盆地、华北平原、黄土高原 | 3 400～4 500 | 5～8 | 两年三熟为主 |
| 亚热带 | 秦岭—淮河以南大部分地区，青藏高原以东 | 4 500～8 000 | 8～12 | 一年两熟为主 |
| 热带 | 云南的西双版纳、广东的雷州半岛、海南岛和台湾岛的南部 | >8 000 | 全年 | 一年两熟或三熟 |
| 青藏高寒区 | 青、藏、川西 | <2 000 | 0～7 | 一年一熟 |

# 子任务二　测定土壤温度

## 一、学习准备

### (一)认识测温仪器

1. 普通温度表

用于测量读数时的即时温度，一般采用水银温度表。主要由感应球部、毛细管、刻度磁板和外套管 4 个部分构成。测量地面温度的普通温度称地面普通温度表，测量空气温度的普通温度表称干球温度表(图 6-1A)，如果普通温度表的感应球部包裹着湿润的纱布，便为湿球温度表。湿球温度表和干球温度表配合可测量空气湿度。干、湿球温度表主要有百叶箱干湿表和通风干湿表，通风干湿表常用于小气候观测和野外考察观测。

2. 最高温度表

用来测定一段时间内出现的最高温度。其构造与普通温度表基本相同，不同之处是将最高温度表靠近球部毛细管制成更细小的狭窄细管，或在球底部固定一枚玻璃针，针尖插入毛细管内使这一段毛细管变窄，升温时，感应球部受热，球部水银体积膨胀，压力增大，迫使水银挤过窄口进入毛细管；降温时，球部水银体积收缩，但由于水银体的内聚力小于通过窄口时的摩擦力，毛细管中的水银无法缩回球部，水银在窄口处断裂，窄口以上的水银柱仍停留在原处。因此，水银柱上端的示数即为过去一段时间内曾经出现过的最高温度，如图 6-1B 所示。

3. 最低温度表

用来测定一段时间内出现的最低温度。最低温度表用酒精作为测温液体，在温度表毛细管的酒精柱中，有一个可以移动的藏青色(或蓝色)小游标，如图 6-1C 所示。降温时，毛细管中的酒精感应球部收缩，由于酒精柱凹面的表面张力大于毛细管壁对游标的摩擦力，游标被酒精柱凹面推着向低温方向移动；升温时，酒精体积膨胀，由于此时酒精对游标的作用力小于毛细管壁对游标的摩擦力，膨胀的酒精可由游标的周围慢慢通过，酒精不能带动游标移动，游标仍停留在原处。因此，游标远离感应球部的一端所示的温度即为过去一段时间内曾经出现过的最低温度。

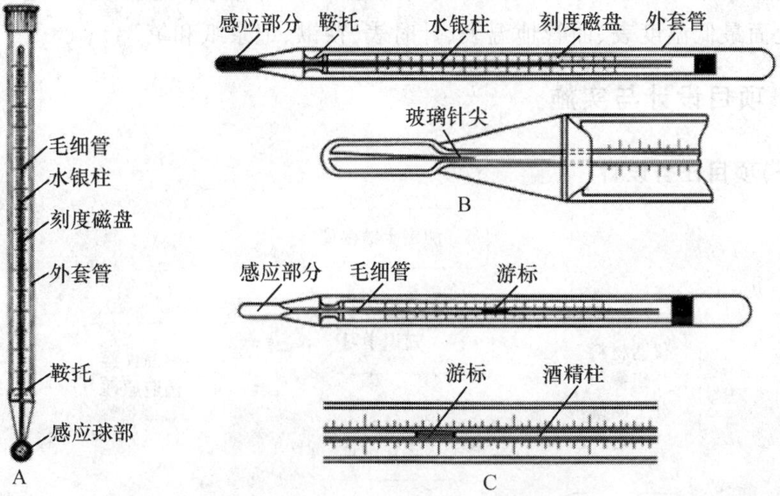


**图 6-1 温度表**

A. 干球温度表 B. 最高温度表 C. 最低温度表

4. 曲管地温表

是用来测定浅层土壤温度的温度表，以水银作为测温液体，球部附近的管子弯曲呈 135°角度。一套曲管地温表通常有 4 支，分别测量 5 cm、10 cm、15 cm、20 cm 深度的土壤温度，测量的深度越深，表身的长度越长，使安装时曲管地温表的示数部分都能露在地面上，便于观测读数，如图 6-2 所示。

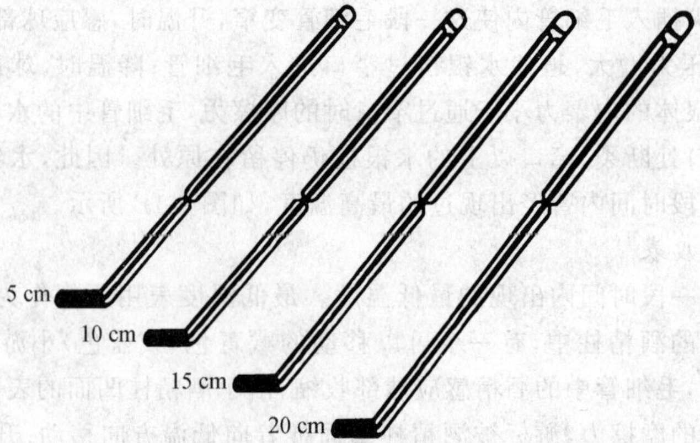


图 6-2 曲管地温表

### (二)仪器和材料准备

根据班级人数,按 2 人一组,分为若干组,每组准备:普通温度表、地面最高温度表、地面最低温度表、曲管地温表、计时表、铁锹、记录纸和笔。

## 二、项目设计与实施

### (一)项目任务设计

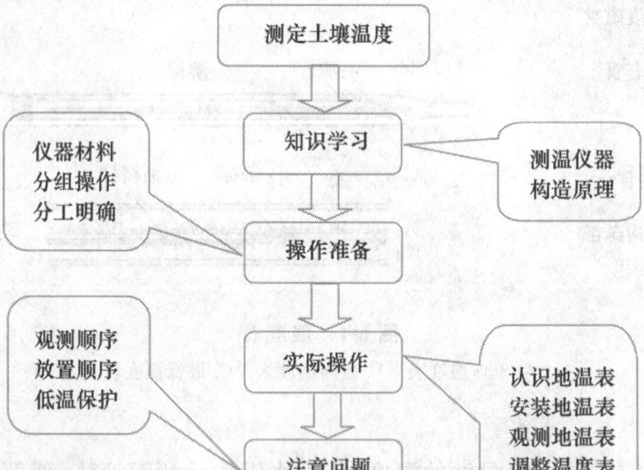

## (二)项目任务实施

1. 认识温度表的刻度和量程

(1)首先找到温度表的零刻度线，一般都做红线标志。

(2)判断表的精度。在刻度板上最小分格所代表的温度值，称为表的精度，一般有 0.2℃和 0.5℃两种。

(3)判断仪表的量程范围。在最大读数和最小读数之间。

2. 安装地温表

(1)选择地块。选取当地以种植作物为主的田块，地表要疏松、平整、无草，与观测场整个地面相平。

(2)安装 3 支地面温度表。3 支地面温度表需水平放在观测地段的中央偏东的地面上，按普通温度表、最低温度表和最高温度表的顺序自北向南平行排列，球部向东，表间相距 5 cm，球部和表身一半埋入土中，一半露出地面。埋入土里的部分一定要和土壤密贴，露出地面部分保持表身清洁，如图 6-3 所示。

图 6-3　地面温度表安装示意图

(3)安装曲管地温表。曲管地温表一般安装在地面最低温度表的西面约 20 cm。安装前先挖一条与东西方向呈 30°角、宽 25～40 cm、长 40 cm 的直角三角形沟，北壁垂直，东西壁相斜边倾斜。在斜边上垂直量出要测地温的深度，即可安装曲管地温表。安装时，按 5 cm、10 cm、15 cm、20 cm 深度顺序由东向西排列，球部向北，表间相隔约 10 cm，表身与地面呈 45°夹角，各表表身应沿东向西排齐，露出地面的表身需用支架支住，如图 6-4 所示。

3. 地温表观测

(1)观测时间和顺序。按照先地面后地中，由浅及深的顺序进行观测。其中地面普通温度表、曲管地温表于每天北京时间 2 时、8 时、14 时、20 时进行 4 次或 8 时、14 时、20 时 3 次观测。最低、最高温度表只在 8 时、20 时各观测 1 次。夏季最低温度表可在 8 时观测。

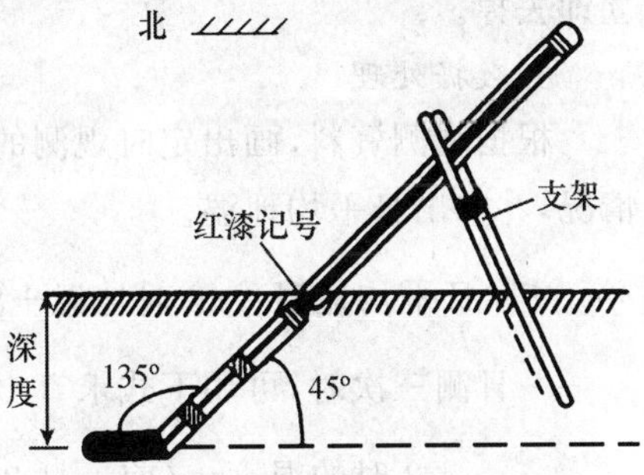


图 6-4　曲管地温表与安装示意图

(2)读数和记录。先读小数，后读整数，

并应复读，以免发生误读。观测地温表时应俯视读数，不应把地温表取离地面。各种温度表读数时，要迅速、准确，避免视觉误差。视线需与水银柱顶端齐平；观测最低温度时，视线应平直对准游标远离球部的一端。观测酒精柱顶时，视线应与酒精柱的凹液面最低处齐平。读数精确到小数点后一位，小数位数是“0”时，不能将“0”省略。若计数在零下，数值前应加上“－”号。读取温度表读数后计入表 6-4。

**表 6-4 土壤温度测定记录表**

℃

| 测量项目 | 地面温度 | | | 地中温度 | | | |
|---|---|---|---|---|---|---|---|
| | 普通 | 最低 | 最高 | 5 cm | 10 cm | 15 cm | 20 cm |
| 读数 | | | | | | | |

4. 调整温度表

地面最低和最高温度表在每次读数后要进行调整。

(1)最高温度表的调整方法。握住表身中部，球部向下，手臂向外伸约 30°的角度，用大臂将表前后甩动使毛细管内的水银落到球部，使示度接近于当时的干球温度。调整时应动作迅速，调整后放回原处时，先放球部，后放表身。

(2)最低温度表的调整方法。抬高感应球部，表身倾斜，使游标回到酒精柱的顶端即可。放回时先放表身，后放球部，以免游标滑向球部一端。

5. 仪器和观测地段的维护

(1)各种地温表及其观测地段应经常检查，保持干净和完整状态。

(2)在可能降雹之前，为防止损坏地面和曲管地温表，应罩上防雹网罩，雹停后立即去掉。

6. 数据处理

根据观测资料，画出定时观测的地温和时间的变化图，以了解土壤温度的变化情况，并求出日平均地温。

日平均地温＝(2 时地温＋8 时地温＋14 时地温＋20 时地温)÷4

一日测三次时，可用下式求算出，再求日平均地温：

2 时的温度＝(前一日 20 时的地温＋当日 8 时的地温)÷2

**(三)注意事项**

(1)地温表的观测顺序是:普通温度表→最低温度表→最高温度表→曲管地温表(5 cm→10 cm→15 cm→20 cm)。

(2)最高温度表和最低温度表的调整和放置应注意顺序。

(3)当冬季地面温度降至－36℃以下时,停止观测普通地面温度表和最高温度表,并将温度表取回。

**(四)任务小结**

(1)每组写出一份实验报告,并对本组工作做出评价。

(2)每组选一个代表在全班发言,总结操作过程得失。教师参与讨论过程并指导,对各组进行评价。

## 子任务三　测定空气温度

### 一、学习准备

**(一)认识测量气温设备**

1. 百叶箱

安置测量温度、湿度仪器并使其免受太阳直接辐射,而又保持适当通风的白色百叶式木箱。作用是防止太阳对仪器的直接辐射和地面对仪器的反射辐射,保护仪器免受强风、雨、雪等的影响,并使仪器感应部分有适当的通风,能真实地感应外界空气温度和湿度的变化。百叶箱分大百叶箱和小百叶箱两种。大百叶箱安置自记温、湿度计;小百叶箱安置干湿球温度表和最高、最低温度表。

2. 干球温度表、最高、最低温度表(如前所述)

**(二)仪器和材料准备**

根据班级人数,按 2 人一组,分为若干组,每组准备:干、湿球温度表、最高温度表、最低温度表、温度计、小百叶箱、记录纸和笔。

## 二、项目设计与实施

### (一)项目任务设计

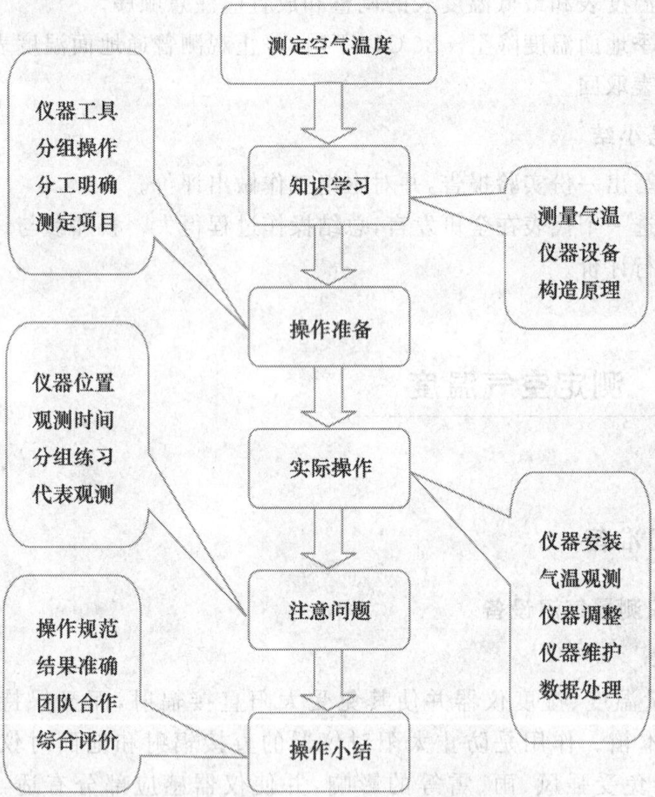


### (二)项目任务实施

1. 仪器安装

(1)安置百叶箱。选泽无障碍物的开阔场地,调好支架,使支架顶端高出顶面1.25 m,把百叶箱放置其上,使其门朝向正北方向。

(2)安置干湿球温度表。把干、湿球温度表垂直悬挂在温度表的支架上,干球在左边(东边),湿球在右边(西边),保持球部中心离地面1.5 m。

(3)最高、最低温度表安装。在温度表支架的下端有两对弧形钩,分别放置最高温度表和最低温度表,感应部分向东,如图6-5所示。

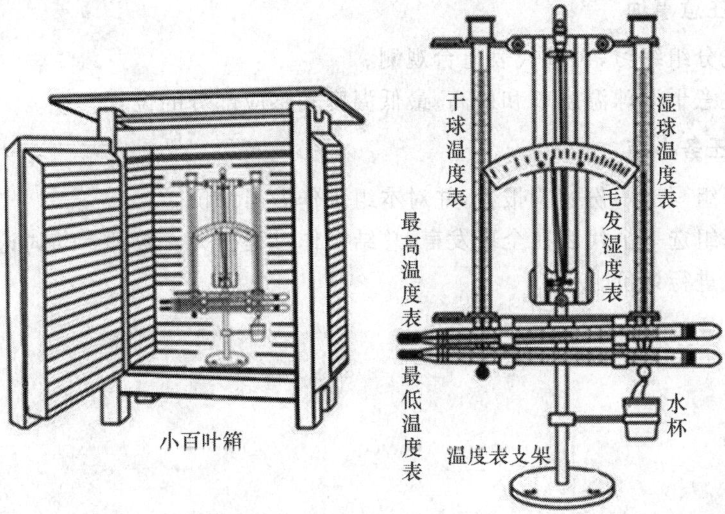


图 6-5 百叶箱内仪器的安装

2. 气温的观测

(1)观测时间和顺序。按干球、湿球、最高、最低温度表的顺序,在每天 2 时、8 时、14 时、20 时进行四次干湿球温度的观测,在每天 20 时观测最高温度和最低温度各一次。

(2)读数和记录。读数和记录的要求同土壤温度观测。将测量结果计入表 6-5。

表 6-5 气温测定记录表

℃

| 测量项目 | 干球温度 | 最高温度 | 最低温度 |
|---|---|---|---|
| 读数 | | | |

3. 最高和最低温度表调整

方法同土壤温度测定。

4. 仪器维护

要求同土壤温度测定。

5. 数据处理

根据观测资料,画出定时观测空气温度和时间的变化图,以了解空气温度的变化情况,并求出日平均气温。计算方法同土壤温度测定。

**(三)注意事项**

(1)先分组练习,再选代表上台观测。

(2)注意干湿球温度表和最高、最低温度表感应部分的位置。

**(四)任务小结**

(1)每组写出一份实验报告,并对本组工作做出评价。

(2)每组选一个代表在全班发言,总结操作过程得失。教师参与讨论过程并指导,对各组进行评价。

# 任务二　调控植物生产的温度环境

## 一、学习准备

### (一)知识准备

1.温度与植物生长发育

(1)植物的感温性和温周期现象。

①植物的感温性。是指植物长期适应环境温度的规律性变化,其生长发育对温度形成感应的特性。不同植物在不同的发育阶段对温度的要求不同,大多数植物在一定的温度范围内,随温度升高,生长发育速度加快,即感温性较强。如水稻的感温性,晚稻强于中稻,中稻强于早稻。春化作用则是感温性的另一表现。

②植物的温周期现象。是指在自然条件下气温呈周期性变化,许多植物适应这种周期性变化,并通过遗传成为其生物学特性的现象。植物的温周期现象主要是指日温周期现象。

(2)土壤温度与植物生长发育。土壤温度对作物的影响主要有以下几个方面:

①土壤温度影响植物根系对水分和养分的吸收。低温可减少根系的吸水性及对多数矿质营养的吸收作用。

②土壤温度影响植物块根、块茎的形成。不仅影响产量,还影响块茎的形状和大小及含糖量的多少等。马铃薯苗期土温高,生长旺盛但不能增产;中期土温高于28.9℃不能形成块茎,15.6～22.9℃最适于形成块茎,形成的薯块个数少而体积大,土温低则形成薯块个数多而体积小。土温日较差和垂直梯度大,薯块呈圆形;反之,呈尖形。

③土壤温度影响种子发芽、出苗。土温对种子发芽、出苗的影响比气温更直接,故一般土温做指标较为确切。

④土壤温度影响昆虫的发生、发展。很多昆虫生命过程的某些阶段是在土壤中度过的,因此,土温对昆虫,特别是对地下害虫的发生、发展有很大作用。

(3)空气温度变化与植物生长发育。空气温度变化对植物生长发育有较大的影响。

①气温日变化与植物生长发育。气温日变化对植物的生长发育、有机质积累、产量和品质的形成有重要意义。

②气温年变化与植物生长发育。温度的年变化对植物生长也有很大影响,高温对喜凉植物生长不利,而喜温植物却需一段相对高温期。

气温的非周期性变化对植物生长发育易产生低温灾害和高温热害。

2.植物生长温度环境的调控技术

(1)一般条件下的温度环境的调控技术。主要是调控土壤温度和空气温度。

①土壤温度的调控技术。

一是合理耕作。通过耕翻松土、镇压、垄作等措施改变土壤水、热状况,适当提高或降低地温,满足植物生长需要。耕翻松土的作用主要有疏松土壤、通气增温、调节水气、保肥保墒等。镇压可以增温、稳温和提墒。垄作的目的在于增大受光面积,提高土温,排除渍水,土松通气。

二是地面覆盖。常用的地面覆盖方式有:地膜覆盖、秸秆覆盖、有机肥覆盖、草木灰覆盖、遮阳网覆盖、沙土覆盖等。地面覆盖的作用在于保温、增温,抑制杂草,减少蒸发,保墒等。

三是灌溉排水。灌溉除了补充植物需水外,还可以改善农田小气候环境。春季灌水可以抗御干旱,防止低温冷害;夏季灌水可以缓解干旱,降温,减轻干热风危害;秋季灌水可以缓解秋旱,防止寒露风的危害;冬季灌水可为越冬植物的安全越冬创造条件。水分过多的地区,通过排水可以提高地温。

四是设施增温。设施增温的主要方式有:智能化温室、加温温室、日光温室和塑料大棚等。

五是使用增温剂和降温剂。寒冷季节使用增温剂提高地温,高温季节使用降温剂降低地温。

②气温的调控技术。生产上在高温季节常常需要降温。

一是灌溉技术。在植物茎叶生长高温期间通过喷灌、滴灌、雾灌等灌溉技术，进行叶面喷洒降温。注意灌水量和时间，且要喷洒均匀。

二是遮阳处理。主要有搭建遮阳网、在荫棚四周搭架种植藤蔓植物等措施。

(2)设施条件下温度环境的调控技术。主要包括地温调控、设施保温、设施降温和设施增温等。

①设施环境中的地温调控技术。

一是保温。在设施周围设置防寒沟，一般宽 30 cm、深 50 cm，沟内填充稻壳、蒿草等材料；冬季减少灌水次数和灌水量；进行地面覆盖。

二是增温。主要方法有热风采暖、蒸汽采暖、电热采暖、辐射采暖和火炉采暖等。热风采暖和火炉采暖要注意通风，防止缺氧和有害气体积累。

②设施环境中的保温技术。

一是减少放热和通风换气量。生产上主要采用外盖膜、内铺膜、起垄种植再加盖草席、草毡、纸被或棉被、建挡风墙等措施。

二是减少昼夜温差。通过适当降低设施高度、减少夜间保护设施的散热面积等，提高设施内昼夜的气温和地温。

三是增加地表热流量。通过增大保护设施的透光率、减少土壤蒸发及设置防寒沟等，增加地表热流量。

③设施环境中加温技术。加温的方法有生物酿热加温、电热加温、水暖加温、汽暖加温、暖风加温、太阳能储存系统加温等。

④设施环境中的降温技术。

一是换气降温。打开通风换气口或换气扇进行排气降温。

二是遮光降温。光照太强时，可以用草帘、遮阳网或旧薄膜遮盖降温。

三是屋面洒水降温。喷水于屋面，使得室内降温。

四是屋内喷雾降温。根据植物的种类，在设施内部选择向上或向下喷雾。

**(二)仪器和材料准备**

按班级学习小组，每组准备：地面温度表、5 cm 和 10 cm 曲管地温表、干球温度表若干，土壤耕翻、镇压、垄作、灌溉操作工具、记录笔、记录本等。

## 二、项目设计与实施

### (一)项目任务设计

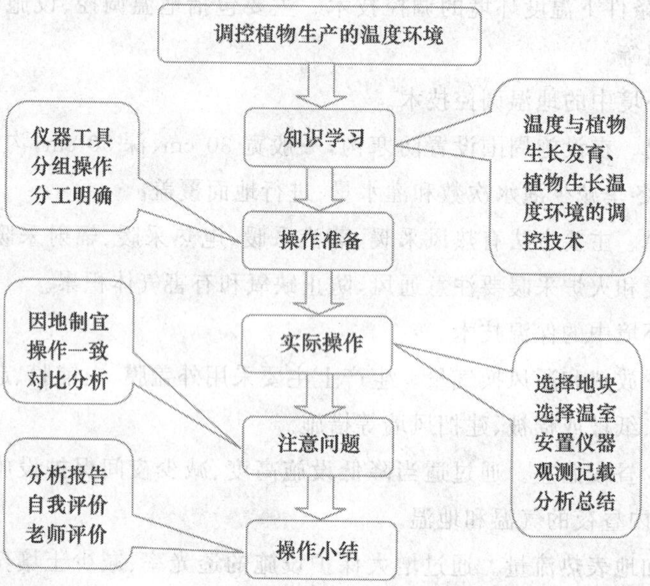


### (二)项目任务实施

1. 土壤温度调控

选择当地种植农作物、蔬菜、果树、花卉等土质均匀的地块，将其均匀划分为五个小块，对其中四块分别进行耕翻松土(5～7 cm)、镇压、垄作(5～7 cm)、灌溉(约10 cm)操作，第五块不做处理，作对比用。在各块地的相同位置分别安置地面三支温度表和5 cm、10 cm曲管地温表，分别观测8时、14时、20时的地温，填入表6-6。观测记载结束后分析四种耕作措施对土壤温度有何影响。

**表6-6 耕作措施对土壤温度的影响**

℃

| 耕作措施 | 地面 | 最高 | 最低 | 5 cm | 10 cm |
|---|---|---|---|---|---|
| 耕翻松土 | | | | | |
| 镇压 | | | | | |
| 垄作 | | | | | |
| 灌溉 | | | | | |
| 对比 | | | | | |

2.设施温度调控

选一个中型温室，在温室的中部、两侧距地面 10 cm、50 cm、150 cm 处分别安置干球温度表，次日 8 时、14 时、20 时分别测量，填入表 6-7。观测记载结束后，分析温室不同位置的空气温度有何变化，对植物生长有何影响？

**表 6-7 温室不同位置气温观测**

℃

| 时间 | 左侧/cm | | | 中部/cm | | | 右侧/cm | | |
|---|---|---|---|---|---|---|---|---|---|
| | 10 | 50 | 150 | 10 | 50 | 150 | 10 | 50 | 150 |
| 8 时 | | | | | | | | | |
| 14 时 | | | | | | | | | |
| 20 时 | | | | | | | | | |

**(三)注意事项**

(1)由于各地区气候条件、温度变化差异等较大，选择调控措施时要因地制宜。

(2)对土壤的耕作、观测仪器的安装和观测等操作要规范一致，尽可能减小人为误差。

**(四)任务小结**

(1)每组写出两份分析报告，并对本组工作做出评价。

(2)每组选一个代表在全班发言，总结操作过程得失。教师参与讨论过程并指导，对各组进行评价。

【评价反馈】

**(一)自我评价**

1.名词解释

积温、植物的三基点温度、农业界限温度、干球温度表、植物的温周期现象

2.填空

(1)土壤热容量大，土温变化越____；土壤热容量小，则土温随环境温度的变化______。

(2)空气温度简称气温，一般是指距离地面______m 高的空气温度。

(3)影响土壤温度变化的因素__________，__________，________，覆盖，地形和天气条件，纬度和海拔高度。

(4)通常把植物生长的________、________、________及最高与最低受害或致

死温度称为 5 个基本温度指标。

(5)测量土壤温度的主要仪器有________、________、________和____________。

(6)植物长期适应环境温度的规律性变化,其生长发育对温度形成感应的特性称为植物的__________。

(7)空气温度的观测顺序是__________、__________、____________。

3. 简答题

(1)土壤温度对作物的影响主要有哪几个方面?

(2)一般条件下土壤温度的调控技术有哪些?

(3)设施条件下保温措施有哪些?

## (二)小组评价(附表 1)

## (三)综合评价

1. 教师评价

(1)对实践操作的点评。

(2)对学习过程的总体评价。

教师签名________________

2. 学生评价

(1)对教师授课效果的评价。

(2)对学习效果的评价。

学生签名________________

# 项目七　植物生产与农业气象

任务一　认知植物生产的气象条件

任务二　观测农田小气候

【学习目标】

1. 了解影响植物生产的主要农业气象要素、我国的气候特点及农业气象灾害的特点与危害

2. 熟悉二十四节气与主要农事活动、农田小气候特点

3. 掌握当地常见农业气象灾害的防御及调节农业小气候的有效措施，能进行主要气象要素的资料收集，能根据气候特征指导当地农业生产

【工作任务描述】

本项目分为认知植物生产的气象条件和观测农田小气候 2 个任务。通过本项目的学习，能让学员认识植物生产与农业气象的关系，总结当地植物生产农业气象的特点，掌握当地常见农业气象灾害的防御及观测农田小气候的方法，学会运用农业技术措施调节小气候；通过调查和实践，培养学员调查研究、勇于实践、勤于总结、吃苦耐劳的职业素质。

【内容结构】

# 任务一　认知植物生产的气象条件

## 子任务一　认知主要农业气象要素

### 一、学习准备

#### (一)知识准备

气象要素是指表明大气物理状态、物理现象的各项要素。狭义上的农业气象要素是指与农业生产有关的气象要素。常见农业气象要素:气压、风、云、光、温、水、气象灾害等。本任务只讲述气压和风。

1. 气压

气压是指地球表面单位面积上大气柱的重量。气压的大小等于从观测点高度以上到大气上界单位面积上垂直空气柱的重量,单位是百帕(hPa)。

(1)气压的变化。气压随高度升高而减小。当温度一定时,地面气压随海拔高度的升高而降低的速度是不等的。在低空随高度增加气压很快降低,而高空的递减较缓慢,如表7-1所示。

表7-1　气压与海拔高度的关系

| 海拔/km | 0.0 | 1.5 | 3.0 | 5.5 | 12.0 | 16.0 | 20.9 | 31.0 |
|---|---|---|---|---|---|---|---|---|
| 气压/hPa | 1 000 | 850 | 700 | 500 | 200 | 100 | 50 | 10 |

一日中,夜间气压高于白天,上午气压高于下午;一年中,冬季气压高于夏季。当暖空气来临时,会引起气压减小;当冷空气来临时,会使气压增大。

(2)气压的水平分布。通常用等压线或等压面来表示,等压线是在海拔高度相同的平面上，气压相等的各点的连线；等压面是指空间气压相等的各点组成的面。

气压分布形式有低压、高压、低压槽、高压脊和鞍形场等。

一是低压。由一系列闭合等压线构成，中心气压低，四周气压高，等压面形状类似凹陷的盆地。

二是高压。由一系列闭合等压线构成，中心气压高，四周气压低，等压面形状类似凸起的山丘。

三是低压槽。是指从低压向外伸出的狭长区域，或一组未闭合的等压线向气压较高的一方突出的部分。槽线中的气压低于两侧，在空间分布形如山谷。

四是高压脊。是指从高压向外伸出的狭长区域，或一组未闭合的等压线向气压较低的一方突出的部分。脊中气压高于两侧，在空间分布形如山脊。

五是鞍形场。是指由两个高压和两个低压交错相对而形成的中间区域，其空间分布形如马鞍。

2. 风

风是指空气在水平方向上的运动，用风向和风速表示。风向是指风的来向；风速是指单位时间内空气水平移动的距离，单位为 m/s。

(1)风力等级。气象预报中常用风力等级来表示风的大小。通常用 13 个等级表示，如表 7-2 所示。

**表 7-2 风力等级表**

| 等级 | 名称 | 海面和渔船征象 | 陆上地面物征象 | 相当风速/(m/s) | |
|---|---|---|---|---|---|
| | | | | 范围 | 中数 |
| 0 | 无风 | 静 | 静，烟直上 | 0～0.2 | 0.1 |
| 1 | 软风 | 有微波，寻常渔船略觉摇动 | 烟能表示风向，树叶略有摇动 | 0.3～1.5 | 0.9 |
| 2 | 轻风 | 有小波纹，渔船摇动 | 人面感觉有风，树叶有微响，旌旗开始飘动 | 1.6～3.3 | 2.5 |
| 3 | 微风 | 有小波，渔船渐觉簸动 | 树叶及小枝摇动不息，旌旗展开 | 3.4～5.4 | 4.4 |
| 4 | 和风 | 浪顶有些白色泡沫，渔船满帆时，可使船身倾于一侧 | 能吹起地面灰尘和纸张，树枝摇动 | 5.5～7.9 | 6.7 |
| 5 | 清风 | 浪顶白色泡沫较多，渔船缩帆 | 有叶的小树摇摆，内陆水面有小波 | 8.0～10.7 | 9.4 |
| 6 | 强风 | 白色泡沫开始被风吹离浪顶，渔船加倍缩帆 | 大树枝摇动，电线呼呼有声，撑伞困难 | 10.8～13.8 | 123 |
| 7 | 劲风 | 白色泡沫离开浪顶被吹成条纹状，渔船停泊港中下锚 | 全树摇动，大树枝弯下来，迎风步行感觉不便 | 13.9～17.1 | 15.5 |

续表 7-2

| 等级 | 名称 | 海面和渔船征象 | 陆上地面物征象 | 相当风速/(m/s) | |
|---|---|---|---|---|---|
| | | | | 范围 | 中数 |
| 8 | 大风 | 白色泡沫被吹成明显的条纹状，进港的渔船停留不出 | 可折毁小树枝，人迎风前行感觉阻力甚大 | 17.2～20.7 | 19.0 |
| 9 | 烈风 | 被风吹起的浪花使水平能见度减小，机帆船航行困难 | 烟囱及瓦屋屋顶受损，大树枝可折断 | 20.8～24.4 | 22.6 |
| 10 | 狂风 | 被风吹起的浪花使水平能见度明显减小，机帆船航行危险 | 陆地少见，树木可被吹倒，一般建筑物遭破坏 | 24.5～28.4 | 26.5 |
| 11 | 暴风 | 吹起的浪花使水平能见度显著减小，机帆船遇之极危险 | 陆上很少，大树可被吹倒，一般建筑物遭严重破坏 | 28.5～32.6 | 30.6 |
| 12 | 飓风 | 海浪滔天 | 陆上绝少，其摧毁力极大 | ＞32.6 | ＞30.6 |

(2)风的类型。风的类型主要有季风和地方性风。

季风是指以一年为周期，随季节的改变而改变风向的风。通常指的是冬季风和夏季风。冬季大陆气温低于海洋气温，温度下降使气压升高，风从大陆吹向海洋；夏季则相反，风从海洋吹向大陆。我国的季风很明显，夏季吹东南风或西南风；冬季吹偏北风，北方多数为西北风，南方多数为东北风。

地方性风是由于局部地区空气受热不均，产生气压的差异而形成小规模的风。地方性风常见的有三种：海陆风、山谷风和焚风。

海陆风是指海岸地区由于海陆受热不同而形成的、以一天为周期随昼夜交替而改变风向的风。白天大陆气温高于海洋，大陆受热，空气上升，地面形成低压；海上温度低，海面形成高压，因此吹海风；夜间则相反，吹陆风。如图 7-1 所示。

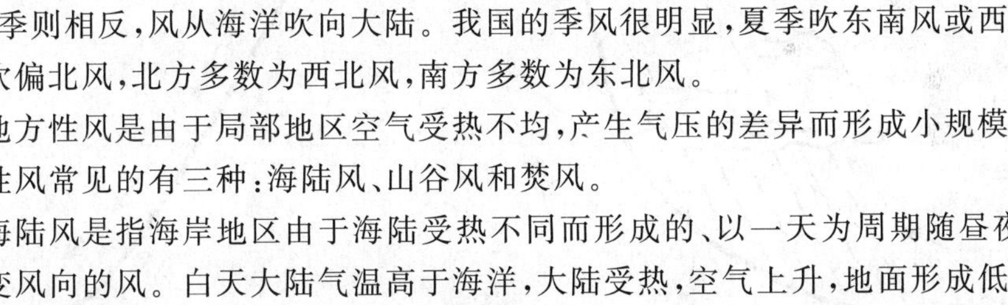

**图 7-1　海陆风**

山谷风是指山区、山坡和周围空气受热不同而形成的、以一天为周期随昼夜交替而改变风向的风。白天的山坡上空气增热比周围空气快，山坡上空气膨胀，周围空气下沉，形成谷风；夜间则相反，形成山风。如图 7-2 所示。

图 7-2　山谷风

焚风是指由于空气下沉，使空气温度升高、湿度下降而形成的又干又热的风。如图 7-3 所示。强大的焚风易引起植物的高温或干旱危害，但初春的焚风可促使积雪融化，有利于蓄水，夏末可加速谷物和果实成熟。

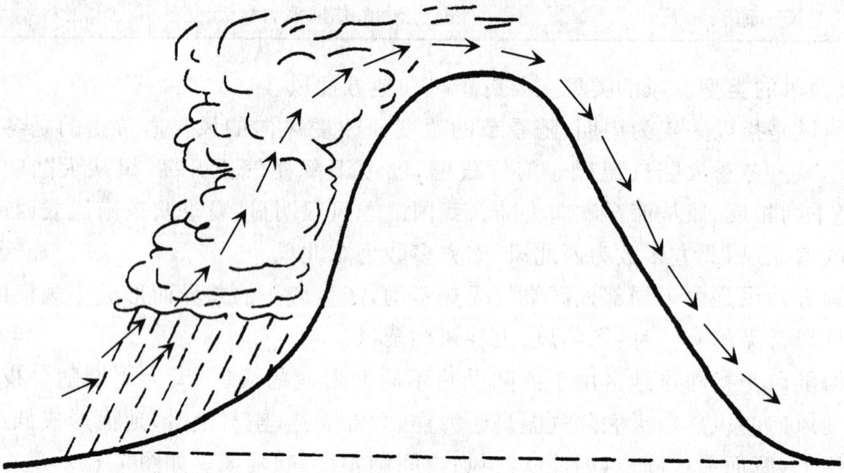

图 7-3　焚风

(3)风与农业生产。风与农业生产有着密切关系，主要表现在：

一是风对植物光合作用的影响。风可使作物冠层附近的 $CO_2$ 浓度保持在接近正常的水平上；风还可以引起茎叶摇动，从而改善了植物群体下部光照的质量。

二是风对蒸腾与叶温的影响。通常风速增加能加快叶面蒸腾，从而吸收潜热，使叶温降低。

三是风对植物花粉、种子及病虫害传播的影响。风是植物的天然传粉媒介，植物的授粉效率以及空气中花粉孢子被传送的方向和距离，主要取决于风速大小与风向。风还可以帮助植物散播芬芳气味，招引昆虫为虫媒花传播花粉。风能传播病原体，引起作物病害蔓延。

四是风对植物生长及产量的影响。适宜的风力使空气乱流加强，有利于作物的生长和发育。风速增大，能使光合作用积累的有机物质减少。单向风使植物迎风方向的生长受抑制。长期大风可以引起植物矮化、倒伏、折枝、落花、落果等，对作物造成危害。

**(二)资料准备**

(1)图书馆或资料室。利用现有的图书馆或资料室以及报刊，查找有关农业气象要素的信息；

(2)网络或技术资源。利用电脑、WiFi或调查当地农业部门和农技人员收集当地主要农业气象要素等方面的资料；

(3)教师准备的资料单。当地主要农业气象要素影响植物生产等方面的相关文章和资料。

## 二、项目设计与实施

**(一)项目任务设计**

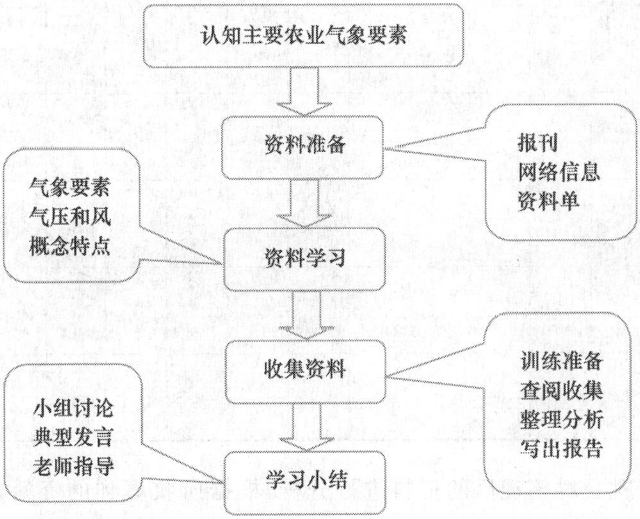

**(二)项目任务实施**

1.在教师的指导下,学习气压、风等主要农业气象要素的概念、类型、特点等

2.收集、整理、分析当地主要农业气象要素

(1)训练准备。了解当地主要气象要素基本变化规律;查阅当地有关气象要素资料等。

(2)操作规程。将班级按学生3~5人一组分成若干组,到学校气象站或当地气象站进行资料查阅或收集。

①收集并整理资料。进行资料的收集,包括气温、湿度、风向、风速、降水、日照时间等,然后设计表格,进行资料整理,并填写表7-3。

表7-3 当地主要农业气象要素资料整理

| 月份 | 1 | 2 | 3 | 4 | 5 | 6 | 7 | 8 | 9 | 10 | 11 | 12 | 年均 |
|---|---|---|---|---|---|---|---|---|---|---|---|---|---|
| 平均气温/℃ | | | | | | | | | | | | | |
| 最高温度/℃ | | | | | | | | | | | | | |
| 最低温度/℃ | | | | | | | | | | | | | |
| 相对湿度/% | | | | | | | | | | | | | |
| 降水量/mm | | | | | | | | | | | | | |
| 日照时间/h | | | | | | | | | | | | | |
| 风速/(m/s)风向 | | | | | | | | | | | | | |
| 有效积温/℃ | | | | | | | | | | | | | |

②分析资料。对整理后的资料进行分析,根据所收集到的资料,分析温度、湿度、日照等对农业生产的利弊。

(3)分析报告。根据收集的当地各月主要农业气象要素资料,分析对农业生产的影响。

3. 学习小结

(1)每人写一份学习收获。

(2)小组讨论,分享每个组员的分析报告。

(3)每组选一个代表在全班做典型发言,讲解小组的学习方法、学习收获和分析结果,教师对学习过程进行总结,对小组讨论、学习情况进行评价。

## 子任务二 认知和防御主要农业气象灾害

### 一、学习准备

#### (一)知识准备

农业气象灾害是农业体系运行(包括农业生产过程)中所发生的各种不利天气或不利气候条件的总称。我国的农业气象灾害有如下特点:普遍性、区域性、季节性、持续性、交替性和阶段性。东北地区以雨涝、干旱、夏季低温、秋季霜冻等为主;西北地区以干旱、冷冻害、干热风等危害为主;华北及黄淮地区以旱、涝为主,干热风、霜冻等也较常见;西南地区常见的有干旱、雨涝、秋季连阴雨、霜冻和冰雹;长江中下游地区主要有洪涝、伏夏和秋季的干旱、春季低温连阴雨、秋季寒露风、台风、冰雹等;华南地区主要是台风、雨涝、秋季低温连阴雨、寒露风、冰雹等。

1. 极端温度灾害及其防御

在农业生产中,影响较大的极端温度灾害主要有:寒潮、霜冻、冻害、冷害、热害等。

(1)寒潮。是指在冬半年由于强冷空气活动引起的、大范围剧烈降温的天气过程。我国规定的寒潮降温标准是:受冷空气侵袭,24 h 内降温 10℃以上或 48 h 内降温 12℃以上,同时最低气温降至 5℃以下。寒潮来临时常伴有雨、雪或冰冻、霜。冬季寒潮引起的剧烈降温,造成北方越冬作物和果树发生大范围冻害,也使江南一带作物遭受严重冻害。春季寒潮常使作物和果树遭受霜冻危害。秋季寒潮虽然不如冬、春季节猛烈,但能引起霜冻,使作物不能正常成熟而减产。

防御措施:可采用、露天增温、加覆盖物、设风障、搭拱棚等方法保护菜畦、育苗地和葡萄园;对越冬作物,除选择优良抗冻品种外,还应加强冬前管理,提高植株抗冻能力;此外还应改善农田生态条件,如冬小麦越冬期间可采用冬灌、搂麦、松土、镇压、盖粪(或盖土)等措施,达到防御寒潮的目的。

(2)霜冻。霜冻是指空气温度突然下降,使植物体温降低到0℃以下而受到损害甚至死亡。霜冻秋、冬、春三季都会出现,是一种低温灾害。发生霜冻时可能有霜(白霜),也可能无霜(黑霜),后者对植物的危害通常比前者严重。秋季第一次霜冻为初霜冻,来临越早,对作物危害越大。春季最后一次霜冻为终霜冻。一年中终霜后至初霜前的一整段时间称为无霜期。

防御措施:选用适宜品种,选择背风、向阳、避冷避冻地形种植植物;确定适宜的播种期和移栽时间,要以避开终霜为准;应用生长抑制剂,调节发育速度,降低霜害危险性;选用耐寒作物和品种,促进抗寒锻炼,提高植株抗寒力;营造防护林、风障和采用覆盖法、加热法、烟雾法、灌水法等临时改善局部小气候条件,使降温幅度减小。

(3)冻害。是指在0℃以下的低温使作物体内结冰,对作物造成的伤害。

防御措施:合理布局,确定合理的农业植物种植北界和上界;选育抗寒性强的品种,加强冬前管理,增强抗冻能力,避免或减轻冻害;选择具有明显冬暖效应的生态环境种植;采用覆盖、露天增温和喷施化学药剂等方法调节农田小气候。

(4)冷害。是指在农作物生长季节,0℃以上低温对作物的损害,又称低温冷害。冷害使作物生理活动受到障碍,严重时某些组织遭到破坏。作物受害后,外观无明显变化,故有“哑巴灾”之称。

防御措施:因地制宜,安排好品种搭配和播栽期;地膜覆盖,以水增温和喷洒化学保温剂等方法,来增强植物抗御低温的能力;运用科学方法找出作物适宜的复种指数和最优种植方案;选择耐寒品种,保苗早发,合理施肥,促进早熟;加强田间管理,提高栽培技术水平,提高冷害防御能力。

(5)热害。是指作物生长期内遭遇高温天气,影响作物的生殖生长,逼熟催黄,空瘪粒增多而导致减产的现象。热害包括高温逼熟和日灼。

①高温逼熟。是高温天气对成熟期作物产生的热害,华北地区的小麦、马铃薯,长江以南的水稻,北方和长江中下游地区的棉花常受其害。

防御措施:改善田间小气候;加强田间管理;改革耕作制度,合理布局;选择抗高温品种。

②日灼。是指因强烈太阳辐射所引起的树木枝干、果实受伤,亦称日烧或灼伤。日灼主要危害果实和枝条的皮层。

防御措施:夏季可采取灌溉和果园保墒等措施,增加果树的水分供应,满足果树生育所需要的水分;在果面上喷洒波尔多液或石灰水,可减少日灼病的发生;冬季可采用树干涂白以缓和树皮温度骤变;修剪时在向阳方向应多留些枝条,以减轻冬季日灼的危害。林木灼伤可采取合理的造林方式,阴性树种与阳性树种混交搭配;对苗木可采取喷水、盖草、搭遮阳棚等办法来防御。

2.旱灾及其防御

旱灾主要包括干旱和干热风。

(1)干旱。是指长期无降水或降水显著偏少,造成空气干燥、土壤缺水,从而使植物无法萌发出苗或正常生长发育,最终导致产量下降甚至绝收的气候现象。

防御措施:搞好农田水利基本建设,修梯田或采用垄作、深耕等措施合理耕作保摘;增加植被种植,多种草、树,增施有机肥,改良土壤结构,提高土壤保水蓄水能力;调整播期、选抗旱、耐旱植物品种,采取节水灌溉等栽培措施预防旱灾。

(2)干热风。干热风即焚风,又称"火风"、"热风"、"干风",是一种高温、低湿并伴有一定风力的农业灾害性天气。其风速在3 m/s或以上,气温在30℃或以上,相对湿度在30%或以下。

防御措施:干热风主要对小麦、水稻生产影响严重。以小麦为例防御干热风的措施:选用抗干热风品种;采取药剂浸种;调整播期;适时浇麦黄水;在小麦拔节期喷洒草木灰溶液、磷酸二氢钾溶液等。

3.雨灾及其防御

雨灾主要包括湿害、洪涝等。

洪涝是指短时间内出现大量降水,形成巨大的地面径流,引起山洪暴发或河流泛滥而使农田淹没、作物被淹死,或低洼农田积水无法排泄,使作物长期受淹,造成歉收乃至绝收的现象。湿害指的是一般旱田作物在土壤水分过多(饱和)的情况下,根系完全生长在沼泽化泥浆中,植物很难生长,称为湿害。

防御措施:搞好水利工程建设,修坝建库,疏通河道,拦洪蓄水等;做好防汛预警预报工作;加强农田基本建设;合理作物布局;增加植被覆盖,改善生态环境;灾后及时清除淤泥,进行中耕松土施肥等加强涝后管理。

4.风灾及其防御

风力大到足以危害人们的生产活动和经济建设,则称为大风,是一种常见的灾害性天气,对农业生产的危害很大。我国气象部门以平均风力达到或超过6级或瞬间风力达到或超过8级,作为发布大风预报的标准。在我国冬春季节,随着冷空气的暴发,大范围的大风常出现在北方各省,以偏北大风为主。夏秋季节大范围的大风主要由台风造成,常出现在沿海地区。此外,局部强烈对流形成的雷暴大风在夏季也经常出现。

防御措施:植树造林,营造防风林、防沙林、固沙林、海防林等,扩大绿色覆盖面积,防止风蚀;建造小型防风工程,设防风障、筑防风墙、挖防风坑等,减弱风力,阻拦风沙;保护植被,调整农林牧结构,进行合理开发,在山区实行轮牧养草,禁止陡坡开荒和滥砍滥伐森林、破坏草原植被；营造完整的农田防护林网，可防风固沙，改善农田的生态环境，从而防止大风对作物的危害；采取各种农业技术措施，如选育抗风品种、播种后及时培土镇压、高秆作物及时培土、将抗风力强的作物或果树种在迎风坡上并用卵石压土等；加强田间管理，合理施肥等。

### （二）资料准备

（1）图书馆或资料室。利用现有的图书馆或资料室以及报刊，查找有关农业气象灾害的信息；

（2）网络或技术资源。利用电脑、WiFi 或调查当地农业部门和农技人员收集当地主要农业气象灾害等方面的资料；

（3）教师准备的资料单。当地主要农业气象灾害影响植物生产等方面的相关文章和资料。

## 二、项目设计与实施

### （一）项目任务设计

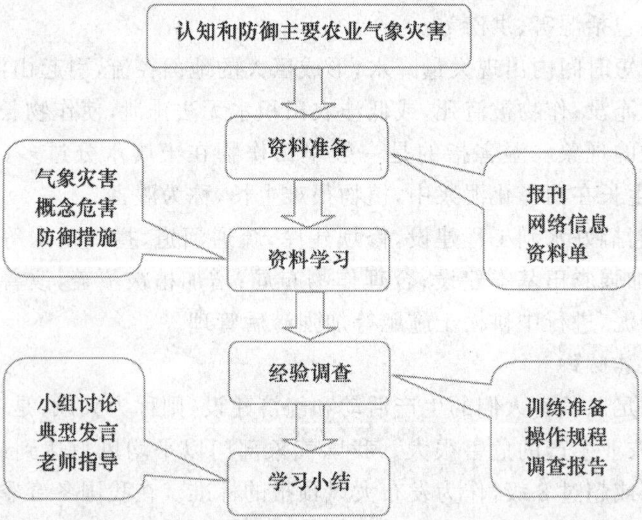


### （二）项目任务实施

1. 在教师的指导下，认知主要农业气象灾害，熟悉防御农业气象灾害的措施

2. 调查农业气象灾害防御经验

（1）训练准备。了解当地主要气象灾害变化规律；查阅当地有关气象要素资料等。

(2)操作规程。将班级按学生 3～5 人一组分成若干组,到学校气象站或当地气象站进行资料查阅或收集、通过有关网站进行查阅,也可到图书馆借阅图书、期刊进行查阅,并填写表 7-4。

**表 7-4　主要农业气象灾害的防御经验调查**

| 灾害类型 | 灾害特点 | 灾害防御措施 |
|---|---|---|
| 寒潮 | | |
| 霜害 | | |
| 冻害 | | |
| 冷害 | | |
| 热害 | | |
| 干旱 | | |
| 干热风 | | |
| 雨灾 | | |
| 风灾 | | |

(3)撰写报告。根据调查结果写一篇不少于 600 字的当地主要气象灾害防御调查报告。

3.学习小结

(1)每人写一份学习收获。

(2)小组讨论,分享每个组员的调查报告。

(3)每组选一个代表在全班做典型发言,讲解小组的学习方法、学习收获和调查结果,教师对学习过程进行总结,对小组讨论、学习情况进行评价。

# 任务二　观测农田小气候

## 一、学习准备

### (一)知识准备

1. 天气

天气是指一定地区、一定时段的大气状况,如晴、阴、冷、暖、雨、雪、风、霜、雾和雷等。

2. 气候

气候是指一个地区多年平均或特有的天气状况,包括平均状态和极端状态,常用温度、湿度、风、降水等气象要素的统计量表示。气候在一定时期内具有相对稳定性。

(1)气候带和气候型。

①气候带。通常把全球划分为11个气候带,即赤道气候带,南、北热带,南、北副热带,南、北暖温带,南、北冷温带,南、北极地气候带,如图7-4所示。各气候带之间最大的差异是温度。

②气候型。海洋性气候和大陆性气候、季风气候和地中海气候、高山气候和高原气候、草原气候和沙漠气候。

(2)我国气候特点。季风性显著、大陆性强、气候类型多样、气象灾害频繁。

3. 小气候

小气候是指在具有相同的大气候特点范围内,在局部地区,由于下垫面性质不一致,在近地气层和土壤上层形成的小范围内气候。具有“范围小,差别大,稳定性强”等特点。

4. 二十四节气与主要农事活动

(1)二十四节气。二十四节气起源于我国黄河流域,它是根据天文学原理将地球环绕太阳公转一周360°的轨道分为24等份,出现24弧段,每弧段15°为一节,每

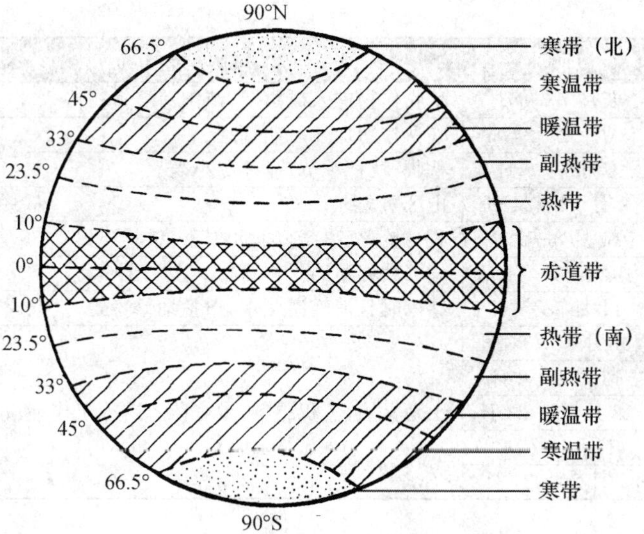


**图 7-4　气候带示意图**

节约 15 d，二十四节气的名称是根据各节当时的天文、气候状况和物候反应等确定。每个节气约间隔半个月的时间，分列在十二个月里面。在月首的叫作节气，在月中的叫作“中气”，所谓“气”就是气象、气候的意思。

(2)二十四节气对应的主要农事活动，如表 7-5 所示。

**表 7-5　二十四节气对应的主要农事活动**

| 节气 | 季节 | 时间 | 主要农事活动 |
| --- | --- | --- | --- |
| 立春 | 春季 | 2 月 3—5 日 | 春季开始 |
| 雨水 | | 2 月 18—20 日 | 气温回升，空气湿度不断增大，顶凌耙耘防墒流 |
| 惊蛰 | | 3 月 5—7 日 | 冬麦返青追肥浇水；春种准备 |
| 春分 | | 3 月 20—22 日 | 土地解冻，稻田平整早翻晒，抗旱播种 |
| 清明 | | 4 月 4—6 日 | 植树造林种菜、种春播植物季节；小麦拔节追肥浇水 |
| 谷雨 | | 4 月 19—21 日 | 播种杂粮，苗圃枝接耕果园，棉花育苗移栽 |
| 立夏 | 夏季 | 5 月 5—7 日 | 大田作物要中耕除草、保墒，温棚防风要管好 |
| 小满 | | 5 月 20—22 日 | 夏熟作物进入生长后期，注意肥水管理、防治病虫害 |
| 芒种 | | 6 月 5—7 日 | 夏收夏种时节；春作物管理、治虫、灌溉、追肥等 |
| 夏至 | | 6 月 21—22 日 | 作物拔杂去劣，玉米追肥防黏虫 |
| 小暑 | | 7 月 6—8 日 | 进入三伏天，作物中耕培土，防雨防旱 |
| 大暑 | | 7 月 22—24 日 | 复种秋菜，注意防洪、病虫害 |

续表 7-5

| 节气 | 季节 | 时间 | 主要农事活动 |
| --- | --- | --- | --- |
| 立秋 | 秋季 | 8 月 7—9 日 | 秋收作物进入成熟期；苗圃芽接摘树心 |
| 处暑 | | 8 月 22—24 日 | 晚秋作物加强后期管理 |
| 白露 | | 9 月 7—9 日 | 秋收、秋种季节；播种冬小麦 |
| 秋分 | | 9 月 22—24 日 | 山区防霜 |
| 寒露 | | 10 月 8—9 日 | 收马铃薯、甜菜萝卜和白菜，秸秆还田 |
| 霜降 | | 10 月 23—24 日 | 做好秋翻蓄墒工作 |
| 立冬 | 冬季 | 11 月 7—8 日 | 结冻时日消冻灌冬水，田整地修渠道 |
| 小雪 | | 11 月 22—23 日 | 土地保墒，多积肥料，做好苗木防冻工作，防止冻害 |
| 大雪 | | 12 月 6—8 日 | |
| 冬至 | | 12 月 21—23 日 | |
| 小寒 | | 1 月 5—7 日 | |
| 大寒 | | 1 月 20—21 日 | |

5. 农田小气候

(1)农田小气候。是指农田贴地气层、土层与作物群体之间的物理过程和生物过程相互作用所形成的小范围气候环境。常以农田贴地气层中的辐射、空气温度和湿度、风、二氧化碳以及土壤温度和湿度等农业气象要素的量值表示，是影响农作物生长发育和产量形成的重要环境条件。

(2)调节农田小气候的农业技术措施。

①农田小气候改良，包括温室、阳畦、塑料大棚、塑料薄膜地面覆盖、风障、农田防护林、蒸发抑制和土面增温剂等。

②主要农业技术措施的小气候效应，如表 7-6 所示。

**表 7-6　耕作、栽培措施的小气候效应**

| 措施 | 小气候效应 |
| --- | --- |
| 耕翻 | 使土壤疏松，增加土壤的通透性，提高土壤的保肥蓄水能力；调节土层温度，增加土壤表层温度的日较差 |
| 垄作 | 使土壤疏松，减少地面蒸发、保水、保肥，提高地温；提高光照吸收率；利于排水防涝、通风透光 |
| 间套作 | 提高光能利用率；增加复种指数；增加边行效应，改善通风条件，调节 $CO_2$ 浓度，提高光合效率 |
| 种植行向 | 提高光能利用率和光合效率；若行向与植物生育关键期盛行的风向一致，可调节农田中 $CO_2$、温度和湿度 |
| 种植密度 | 适宜的种植密度可增加光合面积和光合能力；调节田间温度和湿度 |
| 灌溉 | 适时灌溉可以调节土层温度和水分；增加田间空气湿度；有利于光合作用 |

### (二)仪器和材料准备

各类辐射表;通风干湿表、普通温度表、温度计、湿度计及遥测仪器;普通温度表、直管、曲管地温表、多点温度计遥测;轻便风向风速表。

## 二、项目设计与实施

### (一)项目任务设计

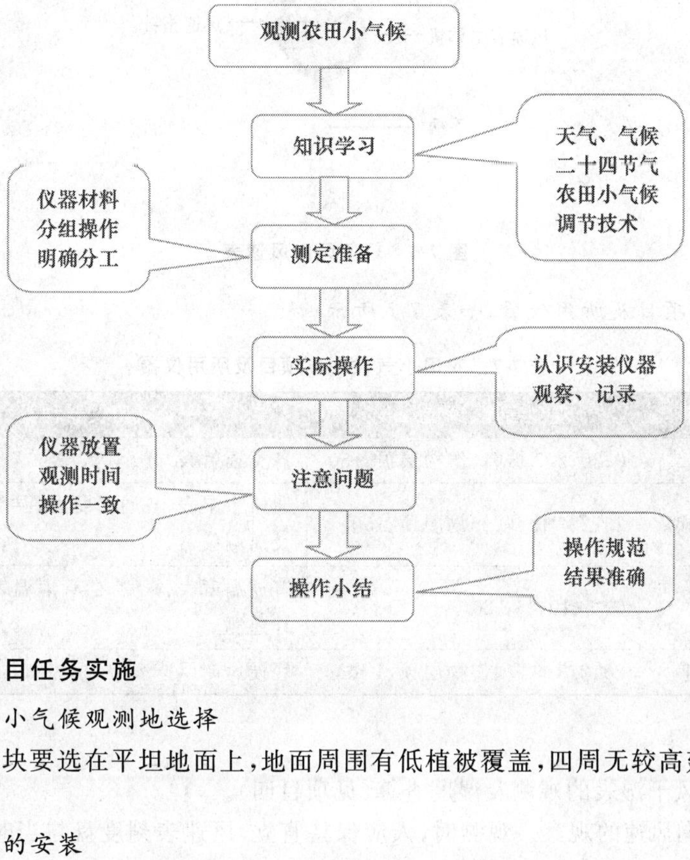


### (二)项目任务实施

1. 农田小气候观测地选择

观测地块要选在平坦地面上,地面周围有低植被覆盖,四周无较高建筑的空旷地域。

2. 仪器的安装

(1)通风干湿表及其安装(见项目四)。

(2)轻便风向风速表。是测量风向和一分钟内平均风速的仪器,适用于农田流动观测,也可作为定时观测风向风速的仪器,如图 7-5 所示。

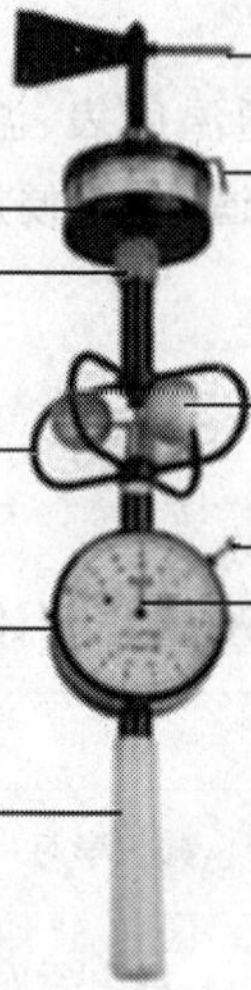


图 7-5 轻便风向风速表

3.观测项目及所用仪器，如表 7-7 所示

表 7-7 农田小气候观测项目及所用仪器

| 观测项目 | 观测高度、深度/cm | 常用仪器种类 |
| --- | --- | --- |
| 辐射 | 0、20、2/3 株高、作物层顶、150 | 各类辐射表 |
| 空气温度、湿度 | 20、2/3 株高、作物层顶、150 | 通风干湿表、普通温度表、温度计、湿度计及遥测仪器 |
| 地中温度 | 0、5、10、15、20 | 普通温度表、直管、曲管地温表、多点温度计遥测 |
| 风向、风速 | 20、2/3 株高、作物层顶、1 m | 轻便风向风速表 |

4.观测方法

(1)通风干湿表的观测及湿度查算(见项目四)。

(2)风向风速的观察。观测时，人应保持直立，风速表刻度盘与当时风向平行。观测者应站在仪器的下风方，将方位盘的制动小套管向下拉，并向右转一角度。启动方位盘，使其能自由转动，按地磁子午线的方向固定下来，注视风向指针约 2 min，记录其最多的风向，就是所要观测的风向。测风速可与测风向同时进行。在测风速时，在开始观测前，先记下风速表指针所指示的刻度值，待风杯旋转约 0.5 min，按下风速按钮，待 1 min 后指针自动停止转动，即可从刻度盘上读出风速示值(m/s)记录下来，根据前后两次读数的差值除以观测时间，算出风速(m/s)，取一位小数，然后从轻便风速表检定证上的风速订正曲线上查出实测风速。观测完毕，随手将方位盘自动小套管向左转一小角度，让小套管弹回上方，固定好方位盘。日平均风速的统计方法分为四次观察和三次观察；四次观察的日平均风速等于 02 时、08 时、14 时、20 时的各向风速合计除以 4 即得；三次观察的日平均风速等于 08 时、14 时、20 时的各向风速合计除以 3 即得。

5. 实验结果

地面和土壤湿度时间、空间变化；气温，相对湿度时间、空间变化；风速、气压时间变化；其观测数据结果填入表 7-8。

**表 7-8 小气候观测表**

| 时间 | | 12—13 时 | | | 13 时后 | | | 平均 |
|---|---|---|---|---|---|---|---|---|
| 项目 | | 读数 | 器差 | 订正后 | 读数 | 器差 | 订正后 | |
| 150 cm | 干球($t$) | | | | | | | |
| | 湿球($t'$) | | | | | | | |
| | 水汽压($e$) | | | | | | | |
| | 相对湿度($r$) | | | | | | | |
| 200 cm | 干球($t$) | | | | | | | |
| | 湿球($t'$) | | | | | | | |
| | 水汽压($e$) | | | | | | | |
| | 相对湿度($r$) | | | | | | | |
| 地中温度 | 0 cm | | | | | | | |
| | 地面最低 | | | | | | | |
| | 地面最高 | | | | | | | |
| | 5 cm | | | | | | | |
| | 10 cm | | | | | | | |
| | 15 cm | | | | | | | |
| | 20 cm | | | | | | | |
| 100 cm 风速 风向 | 风速/(m/s) | | | | | | | |
| | 风向 | | | | | | | |

## (三)注意事项

(1)轻便风向风速表仪器应避免碰撞和震动，切勿用手触摸风杯。

(2)非观测时间不要随便按动风速按钮,计时机构在运转过程中亦不得再按该按钮。

(3)风杯与风速表主机连接处,不得随意松动。旋上及旋下手柄时,一手握住手柄,另一手握住风速表刻度盘部位。

(4)不得随意用口吹动风杯,以延长仪器寿命。

### (四)任务小结

(1)每组写出一份实验报告,并对本组工作做出评价。

(2)每组选一个代表在全班发言,总结实验过程得失。教师参与讨论过程并指导,对各组进行评价。

## 三、学习拓展

### 农村气象灾害防御及农业气象服务系统

国家气象局开发的农村气象灾害防御及农业气象服务专项服务系统,如图 7-6 所示,主要是面向县级农村和农业管理决策部门,建立农村气象灾害防御体系和农业气象服务体系两大体系,构建一个高效、稳定、安全的为农服务平台,实现传统农业气象业务服务向现代农业气象业务服务的转变,达到为农服务、减灾防灾的目的。

农村气象灾害防御及农业气象服务专项服务系统包含农村气象灾害防御体系和农业气象服务体系两大体系。农村气象灾害防御体系重在各级联动防御、灾害信息发布、灾害风险评估规划等;农业气象服务体系重在开展主要农作物的气象管理、主要农作物和设施或特色农业细化气候区划和主要农作物的灾害风险区划等多个模块。

(1)农业气象服务。农业气象服务系统是一个集综合管理、预报预测、区域特色农业气象服务、情报服务、种植区划、气候风险区划、灾害预警、预测及服务评估、数据处理、日常业务管理于一体的综合应用平台。该系统最突出的特点是,可随时进行资料、图片、文档、视频等项目的添加、删除操作,是动态系统而不是静态的,功能齐全,内容丰富,界面清晰,结构合理,可操作性强;系统由现代农业信息管理、预报、服务、评估、区划 5 个子系统组成。

(2)农业气象灾害管理。农业灾害管理类型为干旱、霜冻、连阴雨、冰雹和干热风、暴雪、暴雨等,可以根据各地具体情况调整。霜冻、连阴雨、冰雹灾害管理项目有:开始时间、结束时间、影响范围、受害作物、危害程度、防治措施、危害评估、对农业生产的影响、发生季节、最佳防治时间、影响因素、受害图片和文本材料等 14 个项目。

**图 7-6　农村气象灾害防御及农业气象服务系统**

(3)农村气象灾害防御。农村气象灾害防御体系建设结合气象、地理、农业、人口等多种信息，开发重大的新一代农村气象灾害预测和防治系统。主要包括隐患点管理、风险区划图、防御规划、预警分析、应急服务、应急预警动态模拟等部分。

【评价反馈】

### (一)自我评价

1.解释名词

气象要素、气压、农业气象灾害、干热风、农田小气候

2.填空

(1)常见农业气象要素有气压、____、____、____、____、____、气象灾害等。

(2)地方性风常见的有三种：______、______和_____。

(3)影响较大的极端温度灾害主要有______、______、______、冷害、热害等。

(4)霜冻根据发生时间的早晚分为初霜冻和________。

(5)热害包括________和______。

(6)我国气象部门以平均风力达到或超过____级或瞬间风力达到或超过____级，作为发布大风预报的标准。

(7)大气是指一定地区、一定时段的________，如晴、阴、冷、暖、雨、雪、风、霜、雾和雷等。

3. 简答题

(1)我国的气候有哪些特点？

(2)如何防御冷害、干热风？

(3)调节农田小气候的农业技术措施有哪些？

**(二)小组评价(附表1)**

**(三)综合评价**

1. 教师评价

(1)对实践操作的点评。

(2)对学习过程的总体评价。

教师签名________________

2. 学生评价

(1)对教师授课效果的评价。

(2)对学习效果的评价。

学生签名________________

# 附表1 小组评价

从学习态度、学习方法、团队合作和学习能力的提升等方面评价。

| 序号 | 评价项目 | 评价情况 |
|---|---|---|
| 1 | 与其他同学口头交流学习内容是否流畅 | |
| 2 | 是否尊重他人 | |
| 3 | 学习态度是否积极主动 | |
| 4 | 是否服从教师的教学安排 | |
| 5 | 着装是否符合标准 | |
| 6 | 能否按照安全和规范的规程操作 | |
| 7 | 能否辨别工作环境中哪些是危险的因素 | |
| 8 | 是否合理规范地使用工具和仪器 | |
| 9 | 是否能保持学习环境的干净整洁 | |
| 10 | 是否遵守学习场所的规章制度 | |
| 11 | 是否有工作岗位的责任心 | |
| 12 | 是否达到全勤 | |
| 13 | 团队学习中主动与合作的情况如何 | |
| 14 | 能否主动参与教学场所的清洁和整理工作 | |

参与评价的同学签名________________

# 附表 2 空气相对湿度查算表

| $t_w$ \ $\Delta t$ | 0.0 | 1 | 2 | 3 | 4 | 5 | 6 | 7 | 8 | 9 | 10 | 11 | 12 | 13 | 14 | 15 |
|---|---|---|---|---|---|---|---|---|---|---|---|---|---|---|---|---|
| ℃ | % | | | | | | | | | | | | | | | |
| 35 | 100 | 93 | 87 | 80 | 75 | 70 | 66 | 61 | 58 | 54 | 50 | 47 | 44 | 41 | 39 | 36 |
| 34 | 100 | 93 | 87 | 80 | 75 | 70 | 66 | 60 | 57 | 53 | 50 | 46 | 43 | 40 | 38 | 35 |
| 33 | 100 | 93 | 87 | 80 | 75 | 70 | 65 | 60 | 57 | 53 | 49 | 46 | 43 | 40 | 37 | 35 |
| 32 | 100 | 93 | 86 | 80 | 74 | 69 | 65 | 60 | 56 | 52 | 49 | 45 | 42 | 39 | 36 | 34 |
| 31 | 100 | 93 | 86 | 79 | 74 | 69 | 64 | 59 | 55 | 51 | 48 | 44 | 41 | 38 | 35 | 33 |
| 30 | 100 | 93 | 86 | 79 | 73 | 68 | 63 | 59 | 54 | 50 | 47 | 43 | 40 | 37 | 34 | 32 |
| 29 | 100 | 93 | 86 | 79 | 73 | 68 | 63 | 58 | 54 | 50 | 46 | 42 | 39 | 36 | 33 | 31 |
| 28 | 100 | 92 | 85 | 79 | 73 | 67 | 62 | 57 | 53 | 49 | 45 | 42 | 38 | 35 | 33 | 30 |
| 27 | 100 | 92 | 85 | 78 | 72 | 67 | 61 | 57 | 52 | 48 | 44 | 41 | 37 | 34 | 32 | 29 |
| 26 | 100 | 92 | 84 | 77 | 72 | 66 | 61 | 56 | 51 | 47 | 43 | 40 | 36 | 33 | 30 | 28 |
| 25 | 100 | 92 | 84 | 77 | 71 | 65 | 60 | 55 | 50 | 46 | 42 | 39 | 35 | 32 | 29 | 27 |
| 24 | 100 | 92 | 84 | 77 | 71 | 65 | 59 | 54 | 49 | 45 | 41 | 38 | 34 | 31 | 28 | 26 |
| 23 | 100 | 91 | 84 | 76 | 70 | 64 | 58 | 53 | 48 | 44 | 40 | 36 | 33 | 30 | 27 | 24 |
| 22 | 100 | 91 | 83 | 76 | 69 | 63 | 57 | 52 | 47 | 43 | 39 | 35 | 32 | 29 | 26 | 23 |
| 21 | 100 | 91 | 83 | 75 | 68 | 62 | 56 | 51 | 46 | 42 | 38 | 34 | 30 | 27 | 24 | 22 |
| 20 | 100 | 91 | 82 | 75 | 68 | 61 | 55 | 50 | 45 | 40 | 36 | 33 | 28 | 26 | 23 | 20 |
| 19 | 100 | 91 | 82 | 74 | 67 | 60 | 54 | 49 | 44 | 39 | 35 | 31 | 28 | 24 | 22 | |
| 18 | 100 | 90 | 81 | 73 | 66 | 59 | 53 | 48 | 42 | 38 | 34 | 30 | 26 | 23 | 20 | |
| 17 | 100 | 90 | 81 | 73 | 65 | 58 | 52 | 46 | 41 | 36 | 32 | 28 | 25 | 21 | | |
| 16 | 100 | 90 | 80 | 72 | 64 | 57 | 51 | 45 | 40 | 35 | 30 | 26 | 23 | 20 | | |
| 15 | 100 | 89 | 80 | 71 | 63 | 56 | 50 | 43 | 38 | 33 | 29 | 25 | 21 | | | |
| 14 | 100 | 89 | 79 | 70 | 62 | 55 | 48 | 42 | 36 | 31 | 27 | 23 | 19 | | | |
| 13 | 100 | 89 | 78 | 69 | 61 | 53 | 46 | 40 | 35 | 30 | 25 | 21 | | | | |

续表

| Δt / $t_w$ | 0.0 | 1 | 2 | 3 | 4 | 5 | 6 | 7 | 8 | 9 | 10 | 11 | 12 | 13 | 14 | 15 |
|---|---|---|---|---|---|---|---|---|---|---|---|---|---|---|---|---|
| ℃ | % | | | | | | | | | | | | | | | |
| 12 | 100 | 88 | 78 | 68 | 60 | 52 | 45 | 39 | 33 | 28 | 23 | 19 | | | | |
| 11 | 100 | 88 | 77 | 67 | 58 | 50 | 43 | 37 | 31 | 26 | 21 | 17 | | | | |
| 10 | 100 | 88 | 76 | 66 | 57 | 49 | 41 | 35 | 29 | 23 | 19 | | | | | |
| 9 | 100 | 87 | 75 | 65 | 55 | 47 | 39 | 33 | 26 | 21 | | | | | | |
| 8 | 100 | 87 | 74 | 64 | 54 | 45 | 37 | 30 | 24 | 18 | | | | | | |
| 7 | 100 | 86 | 73 | 62 | 52 | 43 | 35 | 28 | 21 | | | | | | | |
| 6 | 100 | 85 | 72 | 61 | 50 | 41 | 33 | 25 | 19 | | | | | | | |
| 5 | 100 | 85 | 71 | 59 | 48 | 39 | 30 | 23 | 16 | | | | | | | |
| 4 | 100 | 84 | 70 | 57 | 46 | 36 | 27 | 20 | | | | | | | | |
| 3 | 100 | 84 | 68 | 56 | 44 | 34 | 24 | 16 | | | | | | | | |
| 2 | 100 | 83 | 67 | 54 | 41 | 31 | 21 | | | | | | | | | |
| 1 | 100 | 82 | 66 | 51 | 39 | 28 | 18 | | | | | | | | | |
| 0 | 100 | 81 | 64 | 49 | 36 | 25 | 14 | | | | | | | | | |
| −1 | 100 | 80 | 62 | 47 | 33 | 21 | | | | | | | | | | |
| −2 | 100 | 79 | 60 | 44 | 30 | 17 | | | | | | | | | | |
| −3 | 100 | 78 | 58 | 41 | 26 | | | | | | | | | | | |
| −4 | 100 | 77 | 56 | 38 | 22 | | | | | | | | | | | |
| −5 | 100 | 75 | 53 | 36 | 18 | | | | | | | | | | | |
| −6 | 100 | 74 | 51 | 31 | 14 | | | | | | | | | | | |
| −7 | 100 | 72 | 48 | 27 | | | | | | | | | | | | |
| −8 | 100 | 71 | 46 | 23 | | | | | | | | | | | | |
| −9 | 100 | 69 | 42 | 18 | | | | | | | | | | | | |
| −10 | 100 | 67 | 38 | 13 | | | | | | | | | | | | |

备注：$t_w$湿球温度值，$\Delta t$ 干湿球温度差值。

例如：干球温度 24℃，湿球温度 21℃，干湿球温度差值 3℃，查表得知空气相对湿度是 75%。

# 参考文献


1. 宋志伟. 植物生产与环境. 3版. 北京:高等教育出版社,2013.
2. 黄鹏. 园林植物生长与环境. 北京:中国农业出版社,2012.
3. 宋志伟,王阳. 土壤肥料. 3版. 北京:中国农业出版社,2012.
4. 曹建国,戴锡龄,王金喜. 植物学实验指导. 北京:科学出版社,2012.
5. 李有,任中兴,崔日鲜. 农业气象学. 北京:化学工业出版社,2012.
6. 宋志伟. 种植基础. 北京:中国农业出版社,2012.
7. 初庆刚,王伟. 植物学实验教程. 北京:高等教育出版社,2011.
8. 李凤兰. 植物学实验教程. 北京:中国林业出版社,2011.
9. 李小为,高素玲. 土壤肥料. 北京:中国农业大学出版社,2011.
10. 吴国宜. 植物生产与环境. 北京:中国农业出版社,2010.
11. 邹良栋. 植物生长与环境. 北京:高等教育出版社,2010.
12. 金银根. 植物学. 3版. 北京:科学出版社,2010.
13. 宋志伟,张宝生. 植物生产与环境. 北京:高等教育出版社,2010.
14. 张慎举,卓开荣. 土壤肥料. 北京:化学工业出版社,2009.
15. 金为民,宋志伟. 土壤肥料. 2版. 北京:中国农业出版社,2009.
16. 宋志伟. 土壤肥料. 北京:高等教育出版社,2009.
17. 崔晓阳. 土壤资源学. 北京:中国林业出版社,2007.
18. 包云轩. 气象学. 2版. 北京:中国农业出版社,2007.
19. 包云轩. 气象学实习指导. 2版. 北京:中国农业出版社,2007.
20. 吕新,塔依尔. 农业及农业气象实验实习指导. 北京:气象出版社,2006.
21. 吴贤生. 作物遗传与种子生产学. 长沙:湖南科学技术出版社,1999.
22. 中国农业科学院. 中国农业气象学. 北京:中国农业出版社,1991.